WPS

Office

许东平◎著

教程书籍办公应用从入门到精通

U0352306

四川科学技术出版社

图书在版编目 (CIP) 数据

WPS Office 教程书籍办公应用从入门到精通 / 许东平著 . -- 成都 : 四川科学技术出版社 , 2023.9
ISBN 978-7-5727-1125-1

Ⅰ. ①W… Ⅱ. ①许… Ⅲ. ①办公自动化 – 应用软件 – 教材 Ⅳ. ①TP317.1

中国国家版本馆 CIP 数据核字（2023）第 179413 号

WPS Office 教程书籍办公应用从入门到精通

WPS OFFICE JIAOCHENG SHUJI BANGONG YINGYONG CONG RUMEN DAO JINGTONG

著　　者　许东平

出 品 人　程佳月
责任编辑　李　珉
助理编辑　魏晓涵　杨小艳
封面设计　海阔文化
责任出版　欧晓春
出版发行　四川科学技术出版社
　　　　　地址：成都市锦江区三色路 238 号
　　　　　邮政编码：610023
　　　　　官方微博：http://weibo.com/sckjcbs
　　　　　官方微信公众号：sckjcbs
　　　　　传真：028-86361756
成品尺寸　170 mm × 240 mm
印　　张　16.25
字　　数　325千
印　　刷　三河市祥达印刷包装有限公司
版　　次　2023 年 9 月第 1 版
印　　次　2023 年 10 月第 1 次印刷
定　　价　68.00 元

ISBN 978-7-5727-1125-1

邮　　购：成都市锦江区三色路 238 号新华之星 A 座 25 层
邮政编码：610023
电　　话：028-86361770

■ 版权所有　翻印必究 ■

前 言
Preface

　　WPS Office 的历史可追溯至 20 世纪 90 年代，当时的金山文档是国内最受欢迎的办公软件之一。随着科技的不断进步，WPS Office 也在不断创新和完善。如今，它已发展成一款功能强大、操作简便的办公软件，涵盖了文字处理、表格制作、演示文稿等多个领域，为用户解决了全方位的办公需要。

　　WPS Office 作为一款备受用户喜爱的办公软件，拥有许多独特的特色，让其在竞争激烈的办公软件市场中脱颖而出。下面我们将详细介绍 WPS Office 的几大特色，帮助您更好地了解这款优秀的办公工具。

　　全面的办公功能：WPS Office 在文字处理、表格制作和演示文稿等领域提供了强大的功能。无论是创建精美的文档、进行复杂的数据分析，还是设计吸引人的演示文稿，WPS Office 都能满足您的需求。它还支持 PDF 文件的编辑和转换，让您能够轻松处理各种文件格式。

　　多平台兼容性：WPS Office 不仅在 Windows、macOS、Linux 等主流操作系统上有出色的表现，还在移动端有着强大的兼容性。它的移动版适用于 Android 和 iOS 设备，让用户能够随时随地处理文件，保持高效的工作。

　　丰富的模板与素材：WPS Office 提供了大量精美的模板和素材，包括文字、表格、演示等各种类型。这些模板不仅让您的工作更加高效，还能为您的文档、报告和演示增添专业感和创意。

　　智能化的工具：WPS Office 内置了智能化的工具，如智能排版、智能表格和智能翻译等。这些工具能够快速优化文档格式、自动填充数据以及进行多语言翻译等，让您更便捷地完成工作。

实时协作与分享：WPS Office 支持多人实时协作，多个用户可以同时编辑同一文档，实时查看对方的修改。此外，WPS Office 还提供了云存储功能，让您能够轻松地分享和存储文件。

轻量化的软件体验：相较于其他办公软件，WPS Office 具有更简便的组件，运行更加流畅。它不仅能够快速启动，还能在不占用过多系统资源的情况下完成各种任务。

强大的数据处理能力：WPS Office 的表格处理功能非常强大，支持各种数据分析、图表绘制和公式计算等。用户可以利用其丰富的工具和函数进行复杂的数据处理和报表制作。

个性化定制：WPS Office 允许用户根据自己的需求进行个性化定制，包括界面风格、工具栏设置等。这样您可以将软件调整为最适合您的工作方式。

《WPS Office 教程书籍办公应用从入门到精通》将从六大部分内容探索 WPS Office 的各项功能，让您能够轻松驾驭这款优秀的办公工具。

第一部分：文字编辑篇，教您如何在 WPS Office 中灵活处理文字内容。设置基本的字体、字号、颜色，为汉字添加注音，使用标点符号、特殊符号和数学公式。还有更多的技巧，如快速美化文档、输入日期和时间、实现简繁字体转换等。通过本部分的指导，您将在编辑文字方面得心应手。

第二部分：排版的处理技巧，将带您掌握排版的精妙之处。从段前空白到字距、行距的设置，从文字居左、居中、居右的技巧到页面大小和方向的调整，本部分将助您创建格式美观的文档。此外，您还将学会如何设置双栏排版、调整页边距以及添加页面背景，为文档增添个性。

第三部分：表格制作篇，您将了解 WPS Office 在表格处理方面的应用。从手动绘制表格到快速插入表格，再到表格的格式调整和功能应用，本部分将引导您熟练掌握表格的制作和处理。同时，您还将学习到 Excel 表格的办公应用，包括行、列与单元格的应用、表格样式的选择以及数据透视表的运用。

第四部分：演示文稿篇，您将探索如何设计精彩的演示文稿。从幻灯片的新建到内容的插入，从幻灯片的风格选择到演示文稿的放映与转换，您将逐步掌握制作生动演示文稿的技巧。借助 WPS Office 的功能，您能够设计引人入胜的演示文稿，充分展示您的想法和内容。

第五部分：图形设计篇，将带您进入图形创作的世界。无论是流程图、思维导图、柱形图、折线图，还是饼图、条形图，您将学会如何使用 WPS Office 创建各种图形。同时，了解如何高效使用图形模板，为您的设计工作提供更多灵感和效率。

第六部分：PDF 应用篇，您将了解如何在 WPS Office 中处理和转换 PDF 文件。从编辑和调整 PDF 文件内容开始，到将 PDF 文件转换为 Word、Excel、图片、文本、演示文稿和其他格式，您将掌握丰富的 PDF 处理技巧，为您的办公工作提供更多选择和便利。

希望您通过阅读本书，能够更深入地了解 WPS Office 的强大功能和应用价值。无论是优化文档排版、数据分析与处理，还是设计引人注目的演示文稿，WPS Office 都能为您提供全方位的支持。

让我们一同踏上 WPS Office 的探索之旅，掌握更多的技巧，提升办公效率，创造更多的价值！

目 录
Contents

第 6 章　演示文稿的放映与转换 / 133

第 7 章　原创图形的设计与制作 / 151

第1章
文字的处理技巧

　　文档的处理是 WPS 最基础的功能之一，其中包括文字的美化，比如字体颜色、字体大小、汉字注音、简繁转化、符号应用等功能。另外 WPS 的功能还包括文档的编辑，比如文档的录入、修改、替换、检查错误等功能。如果我们想精准、美观、快速地完成文档的处理工作，就应该熟练掌握一些文字处理的技巧。通过本章的学习，可以提高文档录入和编辑的效率。

1.1　编辑文本的字体、字号、颜色

在 WPS 中，文本的输入是最基础的操作，只需要一定的计算机操作使用技能就可以完成。但是想要文本看起来美观、简洁，还需要对文本的外观进行调整。

案例：《劝学》文本调整

步骤 1：选中需要调整字体的文档。在"功能栏"中"开始"选项卡下，选择字体后面的下角标，就可以直接选择需要的字体。如图 1.1.1 所示。

图 1.1.1

步骤 2：将字体调整为"楷体"后，选择字号后面的下角标可以设置字体的大小，设置字号为"六号"。这里需要注意的是，在字号选择中分为中文字号和阿拉伯数字字号。中文的字号，数字越大字体越小；阿拉伯数字的字号，数字越大字体越大。如图 1.1.2 所示。

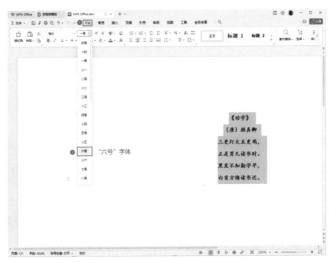

图 1.1.2

步骤 3：在"开始"选项卡中，可以直接修改字体的颜色，这里将字体修改为"红色"。WPS 为字体提供了多种颜色选择，并且提供了一些特殊的颜色属性。如图 1.1.3 所示。

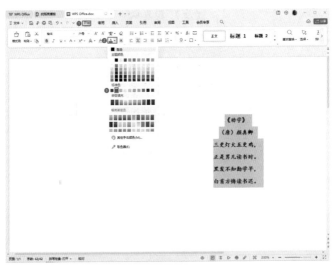

图 1.1.3

经过对《劝学》进行修改后，得到的效果如图 1.1.4 所示。

图 1.1.4

1.2　拼音指南的使用

在文档的编辑中，有时会需要对汉字进行注音，这时我们可以使用 WPS 中的"拼音指南"功能。

案例：为《劝学》注音

步骤 1：选中首行"劝学"，选择"功能栏"中"开始"选项卡下的"拼音指南"命令。如图 1.2.1 所示。

图 1.2.1

步骤 2：在"拼音指南"的选项卡中调节添加拼音的属性，完成后点击"开始注音"按钮。如图 1.2.2 所示。

图 1.2.2

步骤 3：完成首行"劝学"的拼音标注后，对其他内容进行相同操作，就可以得到《劝学》的注音版本。如图 1.2.3 所示。

图 1.2.3

1.3　标点符号、特殊符号、数学公式的使用

标点符号是一篇文档中必不可少的部分，一部分的标点符号可以直接在键盘上输入，但是当我们需要输入一些键盘上没有的符号，或者是特殊符号的时候，应该如何操作呢？

案例：插入希腊语符号"β"和已注册符号"®"

步骤 1：在"功能栏"中选择"插入"选项卡中"符号"命令的下角标，在下拉命令中选择"其他符号"命令。如图 1.3.1 所示。

图 1.3.1

步骤 2：在"符号"选项卡中，选择"符号"选项，在"子集"下拉列表中选择"基本希腊语"，这样我们可以找到目标符号"β"。接着，点击"插入"，就得到了希腊语符号"β"。如图 1.3.2 所示。

图 1.3.2

步骤 3：在"特殊字符"选项中，选择已注册字符"®"，点击"插入"。如图 1.3.3 所示。

图 1.3.3

在文本中就会显示我们插入的希腊语符号"β"和已注册符号"®"。如图 1.3.4 所示。

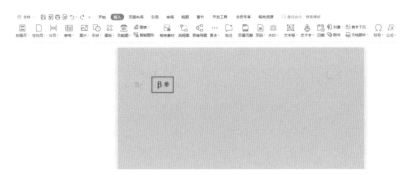

图 1.3.4

在编辑一些专业的文档时，比如编辑数学公式，我们可以使用 WPS 中的"公式"命令快速地完成数学公式的编辑，此外，有时我们也需要插入一些特殊的符号。

案例：编辑直角三角形边长公式 $c^2=a^2+b^2$

步骤 1：首先，在"功能栏"中选择"插入"选项卡中的"公式"命令，然后选择"公式编辑器"命令。如图 1.3.5 所示。

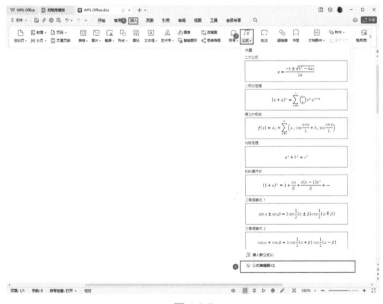

图 1.3.5

步骤 2：在"公式编辑器"中，我们先输入公式的基本结构。如图 1.3.6 所示。

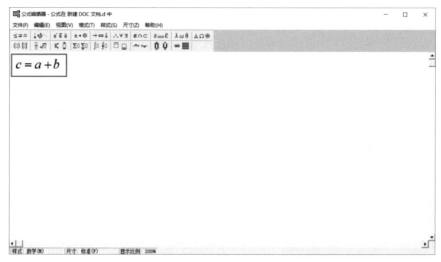

图 1.3.6

步骤 3：将光标放在字母 "c" 后面，并且在公式编辑器中选择 "下标和上标模板" 中的 "上标" 命令。如图 1.3.7 所示。

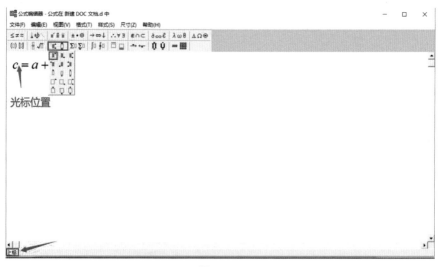

图 1.3.7

步骤 4：选择 "上标" 命令后，在文本框中输入 "2"，就会得到 "c^2"，我们依次对字母 "a" 和 "b" 执行相同操作，得到的公式如图 1.3.8 所示。

图 1.3.8

步骤 5：我们关闭"公式编辑器"就会看到在文档中已经插入了我们需要的
公式。如图 1.3.9 所示。

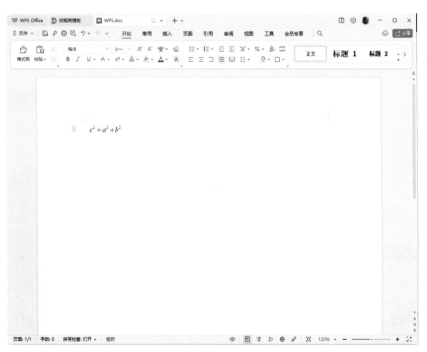

图 1.3.9

1.4 用应用样式对文档进行快速美化

编辑文档时需要对段落格式进行调整，达到美化文档的效果。当文档的内容比较繁杂时，如果逐一去进行设置会很浪费时间，这时在 WPS 中我们可以使用"样式"命令对文档进行快速编辑。

案例：对指定文档进行快速美化

步骤 1：在"功能栏"中的"开始"选项卡中会看到"标题设置"的界面，我们将文档分为三等级文本。如图 1.4.1 所示。

图 1.4.1

步骤 2：点击鼠标左键，选中主标题设置为"标题 1"格式；再点击鼠标左键，选中二级标题设置为"标题 2"格式。如图 1.4.2 所示。

图 1.4.2

这样就达到了使用现有样式对文档进行快速美化的目的。WPS 提供了一些在线样式可供选择，也可以在预设样式后选择下角标进行预设样式设置。如图 1.4.3 所示。

图 1.4.3

进入样式设置后，我们可以在 WPS "应用在线样式"中挑选喜欢的样式进行设置。如图 1.4.4 所示。

图 1.4.4

我们可以根据文档的性质和属性选择合适的在线样式进行使用。如图 1.4.5 所示。

图 1.4.5

　　如果在线样式的设置没有打动您，也可以自己进行样式的新建工作。如图 1.4.6 所示。

图 1.4.6

　　进入"新建样式"选项卡中，我们可以看到，预设样式的属性和字体格式都可以在这个界面进行重新调整或新样式的属性设置，您还可以选择喜欢的字体、字号以及加粗、斜体。完成调整后，点击"同时保存到模板"，再点击"确定"，就完成了新样式的创建。如图 1.4.7 所示。

图 1.4.7

1.5 日期和时间的输入

在输入一些通知类文档时，需要添加发布文档的日期，我们可以使用 WPS 中的"日期"功能进行快速添加。

案例：添加《邀请函》日期

步骤 1：鼠标光标移动到插入日期的位置，选择"功能栏"中"插入"选项卡中的"日期"命令。如图 1.5.1 所示。

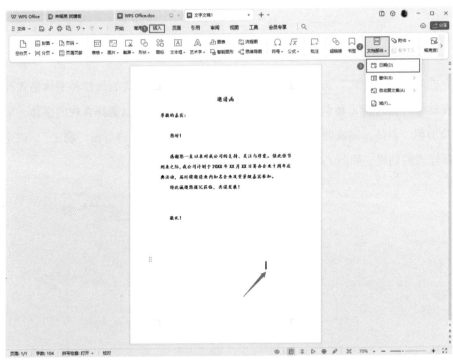

图 1.5.1

步骤 2：在"日期和时间"选项卡中选择我们喜欢的日期显示类型，然后点击"确定"按钮。如图 1.5.2 所示。

图 1.5.2

快速插入日期后的邀请函文档，如图 1.5.3 所示。

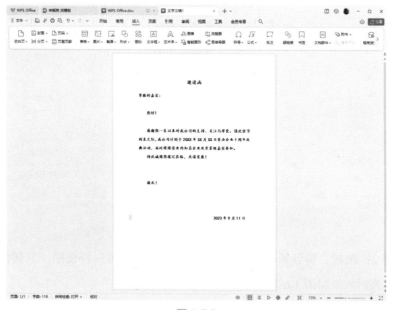

图 1.5.3

1.6 简繁字体的转换

有些文档需要将简体字转换成繁体字，或者一些繁体字的文章需要转换成简体字，这时我们可以使用 WPS 中的"简转繁"和"繁转简"功能。

案例：将《劝学》简体字体转换为繁体

步骤 1：选中文档中需要转换成繁体字的部分，然后在"功能栏"中"审阅"选项卡下选择"简转繁"功能。转换后效果如图 1.6.1 所示。

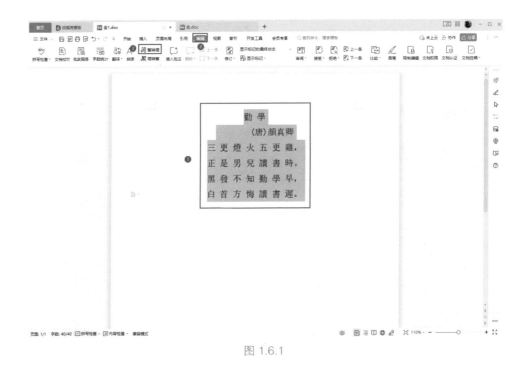

图 1.6.1

步骤 2：此时，得到繁体字版的《劝学》，我们也可以再使用"繁转简"功能恢复。转换后效果如图 1.6.2 所示。

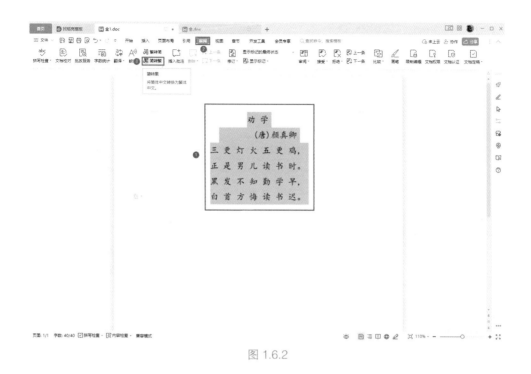

图 1.6.2

1.7　快速输入生僻字

在输入文档时，我们避免不了遇到一些比较生僻的文字。如果我们查字典之后再进行编辑，会非常影响输入的效率。在 WPS 中，我们可以使用"插入符号"功能来进行快速输入。

案例：《蜀道难》中输入生僻字"巇"

步骤 1：在遇到生僻字时，我们在其位置上输入该生僻字的一部分，比如，我们输入"巇"字的"口"，如图 1.7.1 所示。

图 1.7.1

步骤 2：选中"口"字，打开"功能栏"中"插入"选项卡中的"符号"命令，然后选择选项卡中最后的"其他符号"选项。如图 1.7.2 所示。

图 1.7.2

步骤 3：在"符号"选项卡中，可以找到生僻字"㜽"，选择后点击"插入"选项，就可以在文本中得到生僻字"㜽"。如图 1.7.3 所示。

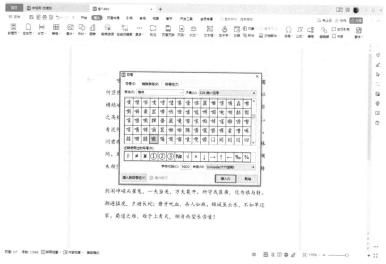

图 1.7.3

插入生僻字后得到的效果如图 1.7.4 所示。

图 1.7.4

1.8 横向与纵向文字的输入

在 WPS 中我们可以将文字进行横向与纵向的切换，例如一些古文、古诗词等文章，这样切换会使文本更有复古的美感。

案例：将《离骚》的文字进行横纵方向转换

步骤：在"功能栏"中选择"页面布局"选项卡中的"文字方向"命令，在下拉命令中选择"垂直方向从左到右"命令。如图 1.8.1 所示。

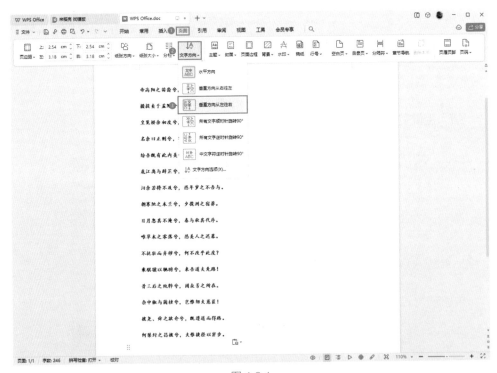

图 1.8.1

进行文字横纵方向转换后的《离骚》字体方向如图 1.8.2 所示

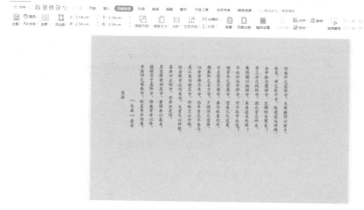

图 1.8.2

1.9　复制与粘贴功能的使用

编辑文档时，当需要对相同的内容进行重复编辑时，可以使用"复制与粘贴"功能。

案例：重复编辑文档

步骤 1：选择需要进行复制的文字，选择"功能栏"中"开始"选项卡下的"复制"命令。如图 1.9.1 所示。

图 1.9.1

步骤 2：选择需要进行粘贴的位置，然后选择"粘贴"命令。如图 1.9.2 所示。

图 1.9.2

在"粘贴"命令中，还具备"选择性粘贴"的属性，可以只粘贴文字内容。例如，我们在 WPS 官网中选择一段文字，如图 1.9.3 所示。

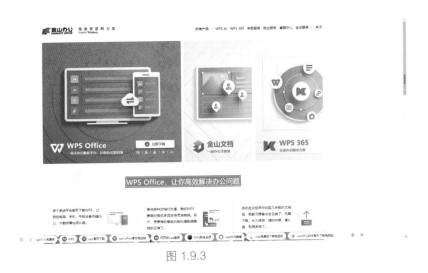

图 1.9.3

步骤 1：将网站中的"WPS Office，让你高效解决办公问题"这句话按照上述操作直接复制到文档中，会显示为网页上一样的格式和文字效果，如图 1.9.4 所示。

图 1.9.4

步骤 2：我们可以看到粘贴过来后的文字，无论是背景，还是字体、字号，都与我们现在编辑的界面文档格式不一样。如果我们想要复制过来的内容与现在编辑的文档背景、字体、字号相同，可以先在官网复制想要的内容，然后回到文档编辑界面，选择"功能栏"中"开始"选项卡下"粘贴"命令的下角标，最后选择"选择性粘贴"命令，如图 1.9.5 所示。

图 1.9.5

步骤 3：在"选择性粘贴"选项卡中选择"无格式文本"，然后点击"确定"按钮。如图 1.9.6 所示。

图 1.9.6

此时，我们得到的粘贴内容就会和我们正在编辑的文本属性相同，如图 1.9.7 所示。

图 1.9.7

1.10　快速查找与替换

我们在查阅文档内容或者修改文档时，有时需要将一些内容快速查找出来或者将查找出来的内容进行替换。在 WPS 中，我们可以使用"查找替换"的功能进行操作。

案例：将文档中的"千"字查找出来，并且替换成"万"字

步骤 1：将光标定位在文档开头处，在"功能栏"中"开始"选项卡下，选择"查找替换"中的"查找"命令。如图 1.10.1 所示。

图 1.10.1

步骤 2：在"查找和替换"选项卡中的"查找"功能下的"查找内容"栏中输入"千"字，然后在"突出显示查找内容"下选择"全部突出显示"命令。这样我们就可以看到原文章中所有的"千"字会被标记颜色突出显示出来。如图 1.10.2 所示。

图 1.10.2

步骤 3：在"替换"功能下的"查找内容"栏中输入"千"字，然后在"替换为"栏中输入"万"字，最后选择"替换"命令。这样，我们可以看到文章中的第一个"千"字已经替换为"万"字，而另外两个"千"字没有被替换。如图 1.10.3 所示。

图 1.10.3

步骤 4：按照"步骤 3"的操作进行替换，在最后的替换环节选择"全部替换"命令，就会使全文的"千"字全部替换为"万"字。如图 1.10.4 所示。

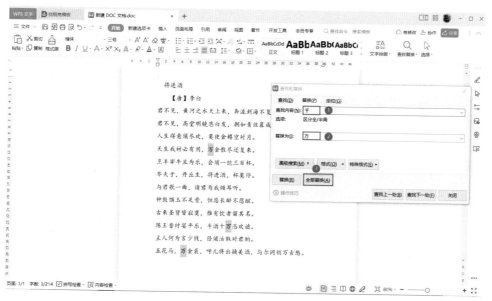

图 1.10.4

1.11　设置段落布局格式

文档段落布局格式的设置主要包括两个方面：缩进和间距，在文档编辑过程中，段落布局设置会使文档看起来更为简洁、干练。

案例：设置文档的段落格式

步骤 1：选中需要修改的文档内容，然后在"功能栏"下"开始"选项卡中选择"段落"命令。如图 1.11.1 所示。

图 1.11.1

步骤 2：在"段落"选项卡中选择"缩进和间距"命令，然后根据需要在"缩进""间距"中设置，最后点击"确定"。如图 1.11.2 所示。

图 1.11.2

修改后的段落格式如图 1.11.3 所示。

图 1.11.3

1.12　页眉、页脚和页码的插入

在文档中添加页眉、页脚和页码会使文档显得更为清晰与专业。

案例：给诗词添加页眉、页脚和页码

步骤 1：在"功能栏"中选择"页眉页脚"命令。如图 1.12.1 所示。

图 1.12.1

步骤 2：进入"页眉页脚"选项卡中，根据需要对页眉页脚进行编辑，页眉页脚的字体颜色和大小可以在"功能栏"中"开始"栏下直接进行调节。如图 1.12.2 所示。

图 1.12.2

步骤 3：在"功能栏"中"插入"选项卡中选择"页码"命令，选择预设样式下的"页码"命令。如图 1.12.3 所示。

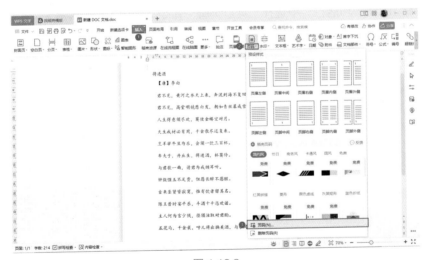

图 1.12.3

步骤 4：在"页码"选项卡中选择页码的"样式"和"位置"，然后选择"确定"按钮。如图 1.12.4 所示。

图 1.12.4

步骤 5：在添加完页码后，可以双击文档中的页码，进行页码文字的大小和字体调整。如图 1.12.5 所示。

图 1.12.5

1.13 批注与修订文字内容

在审阅文档的过程中，我们如果发现文档中有错误，可以使用 WPS 中的"修订"命令对原文档进行批注修改，这样文档中就会留下审阅人对文档修改的痕迹，也能让原作者清晰地看出错误的部分。

案例：对文档进行批注与修订

步骤 1：在"功能栏"中选择"审阅"选项卡下的"修订"命令，在"修订"命令的下拉列表中选择"修订选项"，对修订的痕迹样式进行调整。如图 1.13.1 所示。

图 1.13.1

步骤 2：在弹出的选项卡中可以对痕迹样式进行选择。如图 1.13.2 所示。

图 1.13.2

步骤 3：调整完痕迹样式后，可以直接在原文档中进行修订。修订的痕迹会在原文档的右侧显示出来。修订环节包括对文档内容进行删除、替换和插入，如图 1.13.3。

图 1.13.3

步骤 4：选择需要添加批注的内容，然后在"功能栏"中选择"审阅"选项卡下的"插入批注"命令。在右侧输入批注内容即可，如图 1.13.4。

图 1.13.3

1.14 校对与自动纠错

文档在编辑过程中避免不了会有一些拼写、格式等错误，我们可以使用 WPS 中的"文档校对"功能对文档进行校对和纠错。

案例：校对文档

步骤 1：在"功能栏"中"审阅"选项卡下选择"文档校对"命令，并在"文档校对"选项卡中选择"立即校对"。需要注意的是，校对过程必须是在连接网络的状态下进行。如图 1.14.1 所示。

图 1.14.1

步骤 2：在校对界面中，我们可以看到系统对文档做出的修改内容有字词错误和标点错误两种，并且将错误的部分在源文档中标出。我们可以逐项对错误进行修改，或者选择纠错界面的"替换全部问题"按钮。如图 1.14.2 所示。

图 1.14.2

步骤 3：在校对完成后，我们可以选择关闭"文档校对"界面或者查看修改记录后再进行修改。如图 1.14.3 所示。

图 1.14.3

1.15　双下划线的使用

在文档编辑处理过程中，有时需要将重点标注出来，这时便可以使用 WPS 中的"下划线"功能进行标注。

案例：将诗词中的名句标注出来

步骤 1：将诗词中需要标注的部分选中，然后在"开始"选项卡中选择"下划线"按钮下的"双下划线"命令。如图 1.15.1 所示。

图 1.15.1

步骤 2："双下划线"的颜色默认为黑色。如果想改变下划线的颜色，可以在"下划线"选项中选择"下划线颜色"功能，如在颜色板中选择"红色"。如图 1.15.2 所示。

图 1.15.2

重点诗句标注红色双下划线后的效果，如图 1.15.3 所示。

图 1.15.3

1.16　项目符号的插入

项目符号的插入会让文档显得更有层次感，也会让文档中的重要内容凸显出来。

案例：给文档添加项目符号

步骤 1：选择需要添加项目符号的内容，然后在"功能栏"中"开始"选项卡中选择"项目符号"下拉列表。如图 1.16.1 所示。

图 1.16.1

步骤 2：在"项目符号"下拉列表中，有系统默认的项目符号和稻壳提供的项目符号，也可以在最下方选择"自定义项目符号"命令，对项目符号进行自定义设置。如图 1.16.2 所示。

图 1.16.2

插入项目符号后的文档如图 1.16.3 所示。

图 1.16.3

1.17 目录的插入与更新

如果源文档中目录已经有等级划分，我们可以利用 WPS 中的目录功能将不同层级的目录快速生成。

案例：为源文档添加目录

步骤 1：将光标放到首页需要添加目录的位置，然后在"功能栏"中"插入"选项卡下选择"空白页"命令。如图 1.17.1 所示。

图 1.17.1

步骤 2：在新插入的空白页中选择"功能栏"中"引用"选项卡中的"目录"命令，并在"目录"下拉命令中选择一款目录样式。如图 1.17.2 所示。

图 1.17.2

此时完整的目录就会在新插入空白页中显示出来。如图 1.17.3 所示。

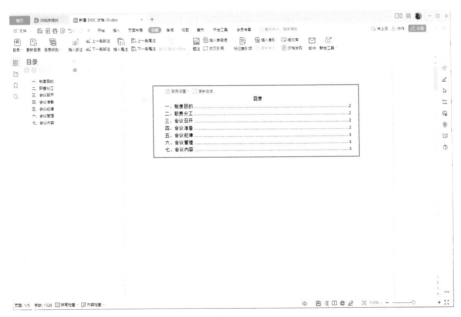

图 1.17.3

步骤 3：如果在目录生成后我们还想对各级标题进行修改，可以使用"功能栏"中"引用"选项卡下的"更新目录"命令进行目录的更新。如图 1.17.4 所示。

图 1.17.4

步骤 4：在弹出的对话框中选择"更新整个目录"选项即可。如图 1.17.5 所示。

图 1.17.5

第 2 章
排版的处理技巧

WPS 的排版除了可以将文字加粗、放大、倾斜、调整行间距等，还提供了很多实用的功能，包括为重点文字加上方框、调整页面大小与方向、格式刷等。本章我们学习 WPS 的排版技巧，进而提高工作效率。

2.1　设置段前缩进

在 WPS 中可以设置段落的缩进量，可以是段前缩进也可以是段后缩进。

案例：将文档部分内容设置为段前缩进两字符

步骤 1：首先，选中需要进行设置的段落，在"功能栏"下"开始"选项卡中选择"段落"命令进行设置。如图 2.1.1 所示。

图 2.1.1

步骤 2：在"段落"选项卡中选择"缩进和间距"，将选项卡中的"缩进"设置为"文本之前 2 字符"。如图 2.1.2 所示。

图 2.1.2

设置完后的效果如图 2.1.3 所示。

图 2.1.3

2.2　字距、行距的设置

WPS 中可以设置字与字之间的距离、行与行之间的距离，即字距与行距的设置。

案例：文档字距与行距的设置

步骤 1：选中需要进行调整的文档内容，在"功能栏"下"开始"选项卡中选择"字体"命令，如图 2.2.1 所示。

图 2.2.1

步骤 2：在"字体"选项卡中选择"字符间距"命令，可以通过缩放比例、间距类型、位置类型对字符间距进行设置。我们可以将间距类型调整为"加宽"，加宽"值"设置为"0.1 厘米"。如图 2.2.2 所示。

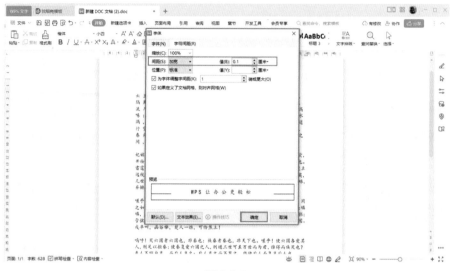

图 2.2.2

调整完字符间距的效果如图 2.2.3 所示。

图 2.2.3

步骤 3：选中需要进行设置的段落，在"功能栏"下"开始"选项卡中选择"段落"命令进行设置。如图 2.2.4 所示。

图 2.2.4

步骤 4：在"段落"选项卡中选择"缩进和间距"，在"间距"中设置行距为"2
倍行距"，设置完点击"确定"。如图 2.2.5 所示。

图 2.2.5

设置完字距与行距后的效果如图 2.2.6 所示。

图 2.2.6

2.3 设置文字的对齐方式

WPS 中文字的对齐方式默认为左对齐，如果我们想调整文档内文字的对齐方式，可以通过 WPS 中的对齐方式进行调整。

案例：将文档的标题设置为居中对齐和居右对齐

步骤 1：选中文档标题，在"功能栏"中选择"开始"选项卡下的"居中对齐"命令。如图 2.3.1 所示。

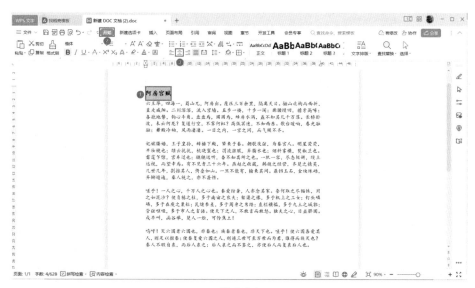

图 2.3.1

居中对齐后的效果如图 2.3.2 所示。

图 2.3.2

步骤 2：选中文档标题，在"功能栏"中选择"开始"选项卡下的"居右对齐"命令，效果如图 2.3.3 所示。

图 2.3.3

2.4 给文档的重点内容加上方框

在文档的编辑过程中，如果需要给重点内容加上标注，可以使用 WPS 中的"字符边框"命令。

案例：给文档重点部分加上方框

步骤：选中文章需要加上方框的内容，在"功能栏"下"开始"选项卡中选择"拼音指南"下拉命令中的"字符边框"。如图 2.4.1 所示。

图 2.4.1

设置完成后效果如图 2.4.2 所示。

图 2.4.2

2.5 巧用格式刷

如果文档中部分内容已经设置好了样式，而我们想让其他部分按照设置好的样式进行排版，可以使用 WPS 中的"格式刷"命令进行调整。格式刷可以调整的内容包括文字的字体、字号、颜色和段落的缩进、间距等属性。

案例：使用格式刷工具修饰文档

步骤 1：将鼠标光标放到设置好样式的段落中，然后在"功能栏"下"开始"选项卡中选择"格式刷"命令。如图 2.5.1 所示。

图 2.5.1

步骤 2：然后鼠标拖拽选中需要被设置的段落，松开鼠标后就完成了"格式刷"的应用。如图 2.5.2 所示。

图 2.5.2

2.6 页面的大小和方向

在 WPS 中默认的页面是 A4 大小，方向为纵向。如果我们在编辑文档的过程中需要修改文档的页面大小和方向，可以在 WPS 中的"页面布局"选项卡中进行编辑。

案例：修改文档的页面大小和方向

步骤 1：在"功能栏"下"页面布局"选项卡中选择"纸张方向"下拉命令中的"横向"，可以完成对页面方向的修改。如图 2.6.1 所示。

图 2.6.1

步骤 2：在"功能栏"下"页面布局"选项卡中选择"纸张大小"对页面大小进行设置。WPS 中提供了一部分固定的尺寸，我们也可以根据实际需要对纸张大小进行自定义调整，方法是选择"纸张大小"下拉命令中的"其他页面大小"命令。如图 2.6.2 所示。

图 2.6.2

步骤 3：在弹出的"页面设置"选项卡中，我们可以根据自己的实际需求设置纸张的宽度与高度。如图 2.6.3 所示。

图 2.6.3

步骤 4：我们将页面大小设置为"5 号信封"模板，设置后的效果如图 2.6.4 所示。

图 2.6.4

2.7 页边距的设置

页边距指的是文档的内容与纸张边缘的距离，包括上、下、左、右四个方向。合理的页边距会让文章更加美观。

案例：调整文档的页边距

步骤 1：在"功能栏"下选择"页面布局"选项卡中的"页边距"命令。在"页边距"命令右边显示的是现在的页边距数值。在"页边距"选项中，WPS 提供了几款固定的尺寸，如果我们需要自定义页边距，可以使用"页边距"命令下拉列表中的"自定义页边距"。如图 2.7.1 所示。

图 2.7.1

步骤 2：在弹出的"页面设置"选项卡中，我们可以调整页边距的数值、方向和应用范围。如图 2.7.2 所示。

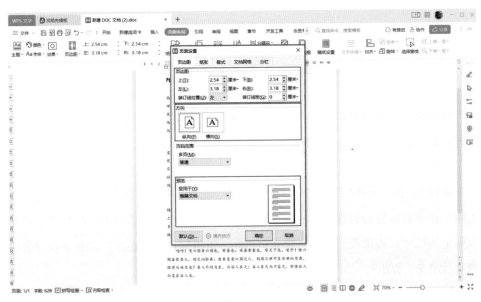

图 2.7.2

步骤 3：调整"页边距"后的文档效果如图 2.7.3 所示。

图 2.7.3

2.8　设置双栏排版

如果文档在编辑过程中需要将全文或者部分内容进行分栏，可以使用 WPS 中的"分栏"命令进行设置。

案例：将文档的部分内容设置为双栏排版

步骤：选中文档中需要分栏的部分，选中"功能栏"下"页面布局"选项卡中"分栏"下拉命令中的"两栏"命令。如图 2.8.1 所示。

图 2.8.1

完成分栏后的文档效果如图 2.8.2 所示。

图 2.8.2

2.9　页面背景的添加与更改

在 WPS 中，文档页面的背景是可以根据需要进行更换的。这是为了让文档更贴合内容，且更加美观。

案例：给文档页面添加背景

步骤 1：在"功能栏"下"页面布局"选项卡中选择"背景"命令，我们可以直接选择需要添加的背景颜色，或者在下面的"图片背景"中进行选择。如图 2.9.1 所示。

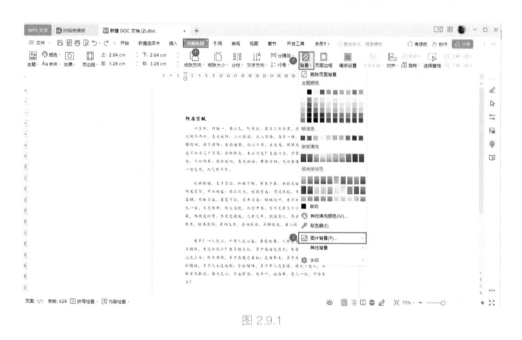

图 2.9.1

步骤 2：在弹出的"填充效果"选项卡中选择"纹理"效果下的背景，单击"确定"。如图 2.9.2 所示。

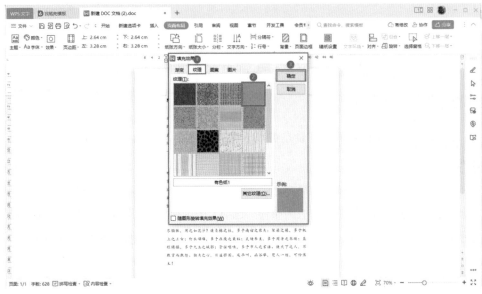

图 2.9.2

添加完纹理背景效果的文档如图 2.9.3 所示。

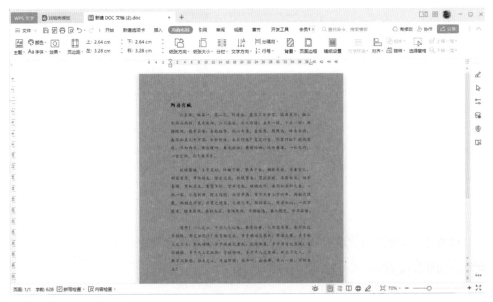

图 2.9.3

2.10 图片格式转换输出

文档制作完成后为了便于分享与输出，我们可以将文档转换为图片进行保存。在 WPS 中可以便捷地进行这一操作。

案例：在 WPS 中将文档转换为图片保存

步骤 1：在"功能栏"下"会员专享"选项卡中选择"输出为图片"命令。如图 2.10.1 所示。

图 2.10.1

步骤 2：在"输出为图片"选项卡中，我们可以根据需要，对图片进行设置。设置完成后点击"输出"即可。如图 2.10.2 所示。

图 2.10.2

第3章
Word 表格的办公应用

　　表格是文档中比较常见的部分，表格的使用不仅让文档显得更加美观，还会使文档更加清晰整洁。我们可以在本章节中学习 WPS 的表格制作技巧。

3.1　手动绘制表格

本节学习手动绘制表格。

案例：使用"绘制表格"命令手动绘制表格

步骤 1：在"功能栏"下选择"插入"选项卡中"表格"下拉命令中的"绘制表格"命令。如图 3.1.1 所示。

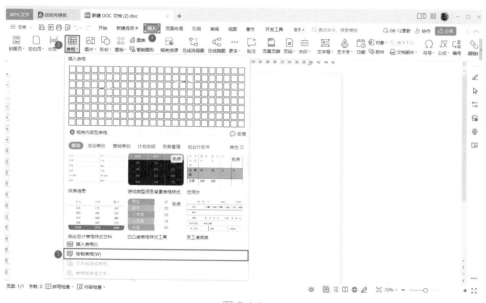

图 3.1.1

步骤 2：然后，在需要添加表格的位置点击鼠标左键向右下方拖动，这时我们可以看到 WPS 会生成一个虚拟表格。选择合适的终点或者根据自己的需求设置表格的行数、列数，然后松开鼠标左键，就可以产生一个表格。表格的右下方会显示绘制表格的行数与列数。如图 3.1.2 所示。

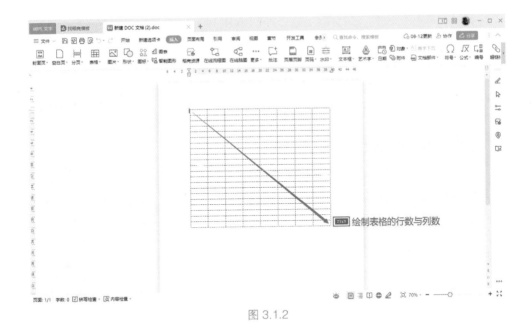

图 3.1.2

3.2 快速插入表格

WPS 中可以快速地插入需要的表格。

案例：在 WPS 中快速插入表格

步骤 1：将光标放到需要添加表格的位置，在"功能栏"下"插入"选项卡中选择"表格"命令。如图 3.2.1 所示。

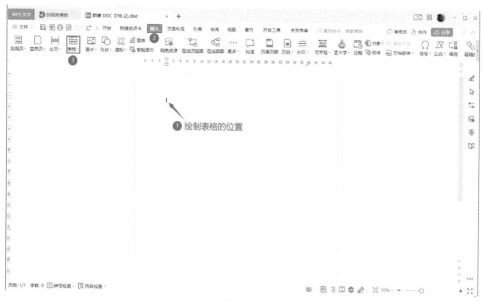

图 3.2.1

步骤 2：在"表格"下拉列表中，我们可以看到快速生成表格的模拟表格制作器，选择需要的行数与列数就可以快速地生成表格。如图 3.2.2 所示。

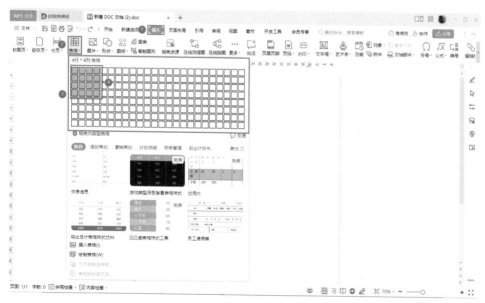

图 3.2.2

步骤 3：在 WPS 中我们可以直接对已经生成的表格进行再次编辑，包括表格行数与列数的添加、位置的调整和表格大小的拉伸。如图 3.2.3 所示。

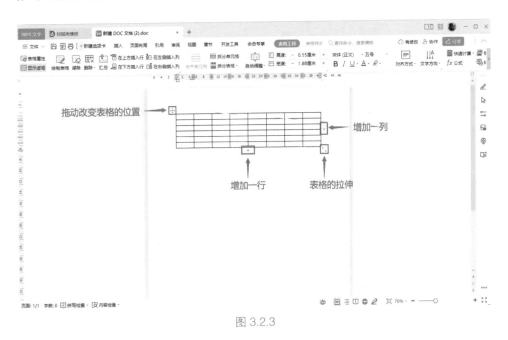

图 3.2.3

表格的擦除与删除

在表格绘制过程中，可以将一部分表格边框擦除，或者直接删除多余的行、列或单元格，让表格变得更加清晰整洁。

案例：将表格中没有内容的部分进行擦除与删除

步骤 1：将光标放到需要删除的黄色表格中，然后在"功能栏"下"表格工具"选项卡中选择"擦除"命令。如图 3.3.1 所示。

图 3.3.1

步骤 2：此时光标会变成橡皮的样子，点击鼠标左键并拖拽需要删除的黄色区域。如图 3.3.2 所示。

图 3.3.2

步骤 3：将光标放到红色表格中，然后在"功能栏"下"表格工具"选项卡中选择"删除"下拉命令中的"列"。如图 3.3.3 所示。

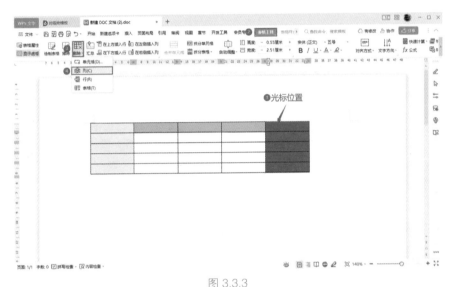

图 3.3.3

步骤 4：将光标放到绿色表格中，鼠标左键拖拽选择第 6、7、8 行，然后在"功能栏"下"表格工具"选项卡中选择"删除"下拉命令中的"行"。如图 3.3.4 所示。

图 3.3.4

编辑完后表格效果如图 3.3.5 所示。

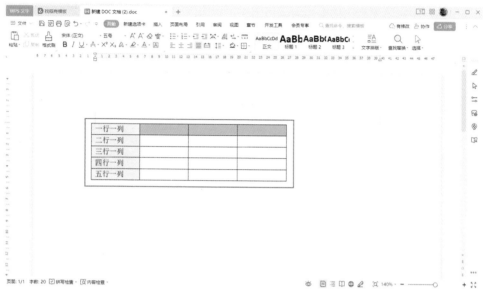

图 3.3.5

3.4　表格模板的使用

在 WPS 中，稻壳商城提供了各种各样的表格模板，我们可以在商城中选择合适的模板后直接下载使用，也可以将模板整理后保存为模板文件。

案例：在 WPS 中的稻壳商城选择合适的模板，并将模板整理后保存

步骤 1：进入稻壳商城选择一款表格模板下载，进入模板后，将需要的信息进行填充，不需要的信息进行删除。如图 3.4.1 所示。

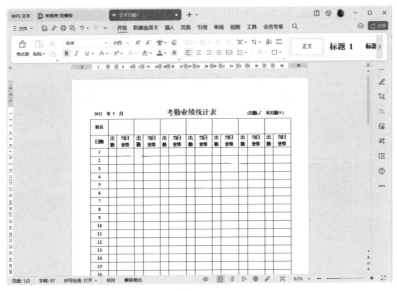

图 3.4.1

步骤 2：修改完成后，在"功能栏"下选择"文件"下拉命令中"另存为"的"WPS 文字模板文件"命令。如图 3.4.2 所示。

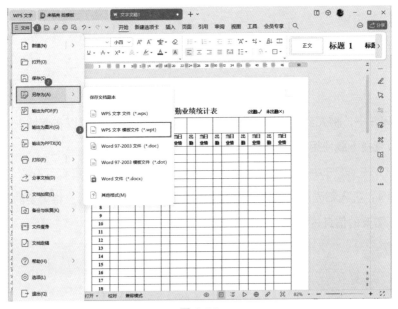

图 3.4.2

步骤 3：在"另存文件"选项卡中选择文件保存位置、输入文件名称就可以保存使用了。如图 3.4.3 所示。

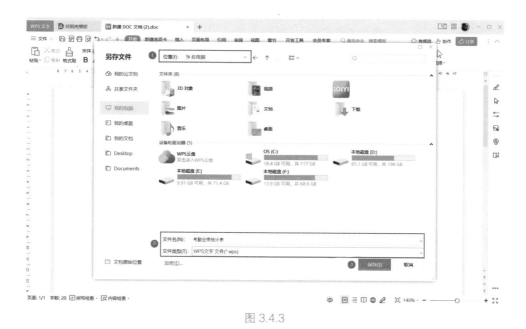

图 3.4.3

3.5　表格中文字的调整

在文档编辑过程中，表格的文字有时需要进行调整，比如字体、字号、颜色、方向等调整。在 WPS 中，可以在"表格工具"中对表格中的文字进行调整。

案例：调整表格中的文字

步骤 1：选择表格中需要调整的文字，在"功能栏"中"表格工具"命令下，可以调整文字的字体、字号、颜色、对齐方式、文字方向等属性，根据需要，我们可以将表格中的文字调整到我们满意的程度。如图 3.5.1 所示。

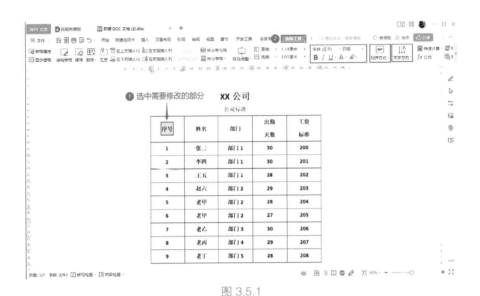

图 3.5.1

步骤 2：如果对表格文字调整的效果不满意，可以选择"表格工具"中的"字体"调节按钮继续调整文字。如图 3.5.2 所示。

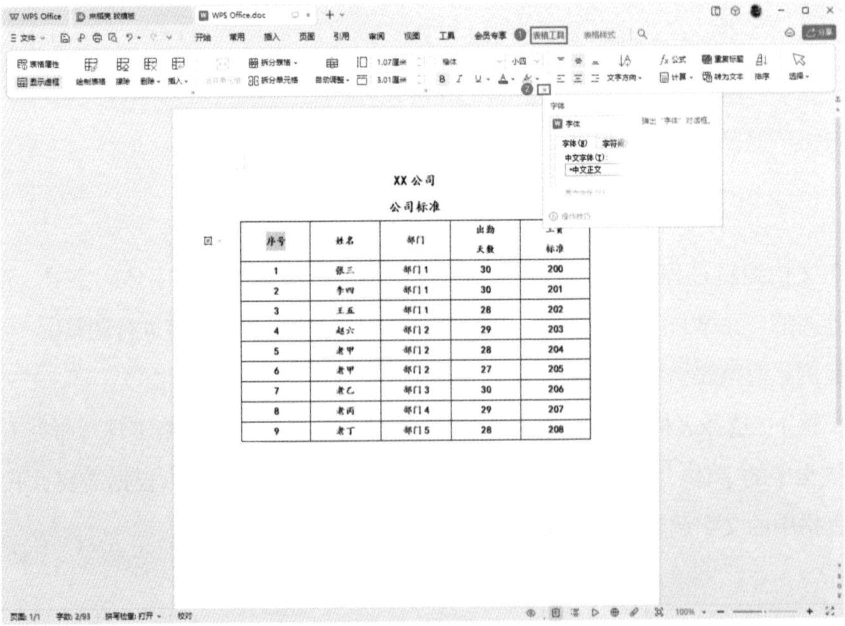

图 3.5.2

步骤 3：在弹出的"字体"选项卡中，我们可以根据需要调整文字的属性，也可以调整字符间距。如图 3.5.3 所示。

图 3.5.3

3.6　表格底纹的添加

表格绘制完成后，可以对表格底纹的颜色、线性、粗细、边框和边框颜色进行调整，调整后的表格会更加简洁美观。

案例：进行表格底纹的添加设置

步骤：鼠标光标放置到需要修改的表格中，在"功能栏"下"表格样式"选项卡中选择合适的底纹属性就可以进行修改了。如图 3.6.1 所示。

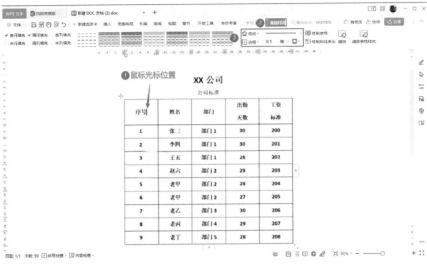

图 3.6.1

表格修改底纹属性后的效果如图 3.6.2 所示。

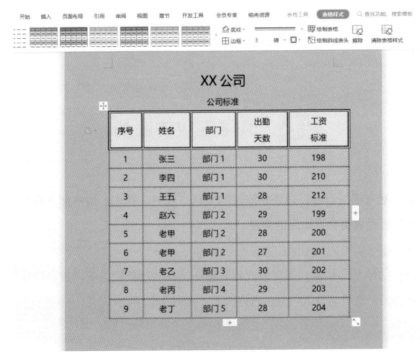

图 3.6.2

3.7　绘制斜线表头

绘制表格有时需要用到斜线表头，在 WPS 中提供了很多斜线表头的样式，我们可以根据需要快速地绘制斜线表头。

案例：给表格绘制斜线表头

步骤 1：将鼠标光标放置到需要绘制斜线表头的单元格内，在"功能栏"下"表格样式"选项卡中选择"绘制斜线表头"命令。如图 3.7.1 所示。

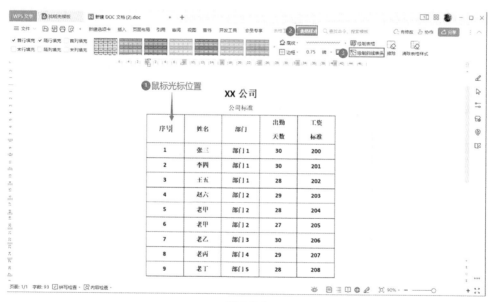

图 3.7.1

步骤 2：在"斜线单元格类型"选项卡中选择合适的斜线表头样式，然后点击"确定"。如图 3.7.2 所示。

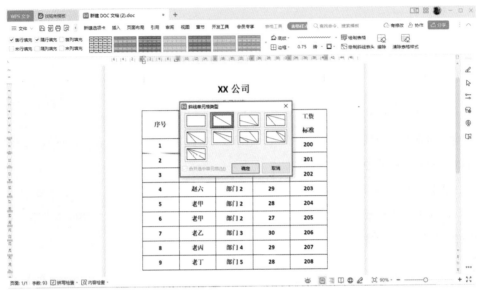

图 3.7.2

步骤 3：在原表格中已经形成了斜线表头，在斜线表头两侧直接输入文字内容即可完成斜线表头的绘制。如图 3.7.3 所示。

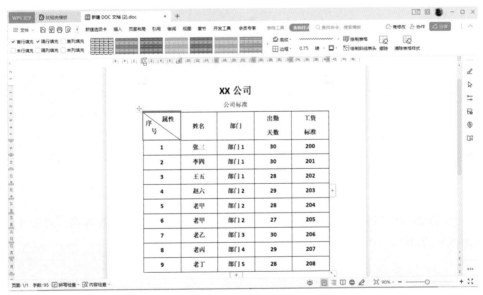

图 3.7.3

3.8　表格行与列的添加

表格绘制完成后，如果需要单独或者批量增加行与列，可以在表格工具中进行修改。

案例：为表格添加行与列

步骤 1：选中需要添加行数的单元格，在"功能栏"下"表格工具"选项卡中选择行与列的修改模块。如图 3.8.1 所示。

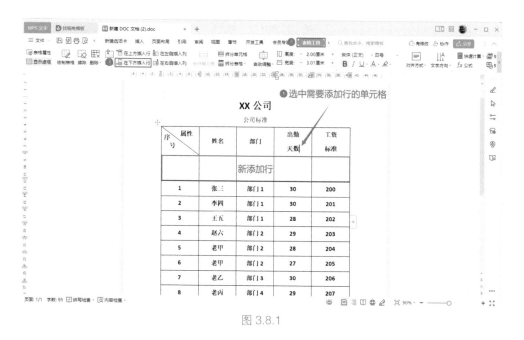

图 3.8.1

步骤 2：也可以在需要调整的单元格上点击鼠标右键，在弹出的命令中选择"插入"命令下的"在右侧插入列"，从而在单元格的右侧添加列。如图 3.8.2 所示。

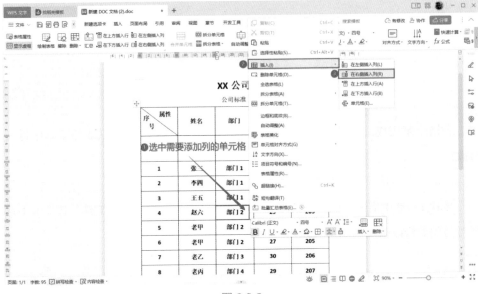

图 3.8.2

两种方法添加了行与列后的效果，如图 3.8.3 所示。

图 3.8.3

3.9　文本与表格的相互转换

文档的编辑过程中，文本与表格时常需要相互转换。WPS 中提供了快速转换工具，可以让文本与表格的相互转换变得更有效率。

案例：将文本与表格相互转换

步骤 1：选中需要转换的表格，在"功能栏"下选择"表格工具"选项卡中的"转换成文本"命令。如图 3.9.1 所示。

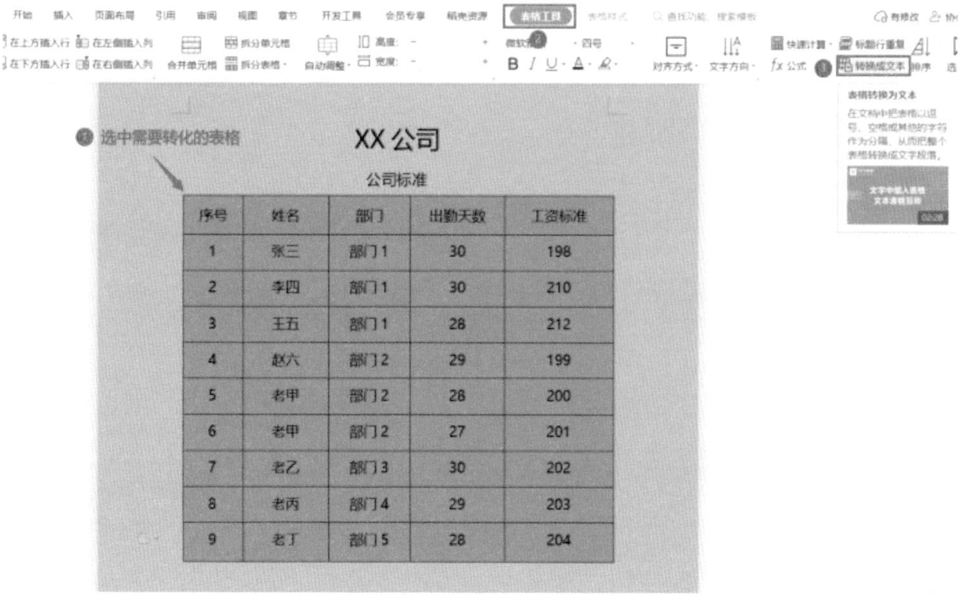

图 3.9.1

步骤 2：在弹出的"表格转换成文本"选项卡中选择"制表符"，然后点击"确定"。如图 3.9.2 所示。

图 3.9.2

转换后的效果如图 3.9.3 所示。

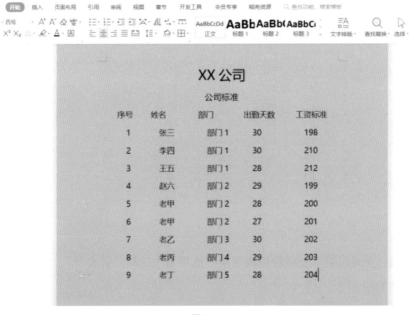

图 3.9.3

步骤 3：选中需要被转换成表格的文字，在"功能栏"下选择"插入"选项卡中"表格"下拉命令中的"文本转换成表格"命令。如图 3.9.4 所示。

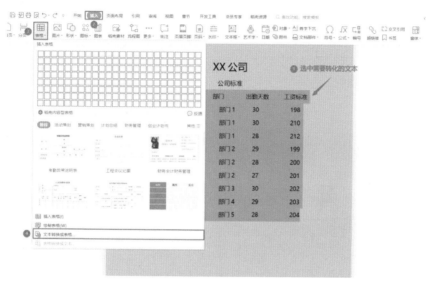

图 3.9.4

步骤 4：在弹出的"将文字转换成表格"选项卡中选择"制表符"并点击"确定"。如图 3.9.5 所示。

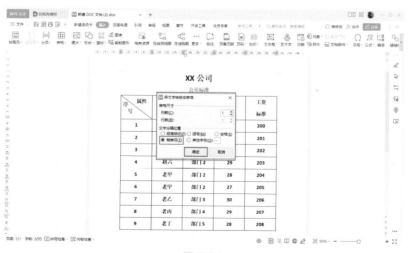

图 3.9.5

转换后的效果如图 3.9.6 所示。

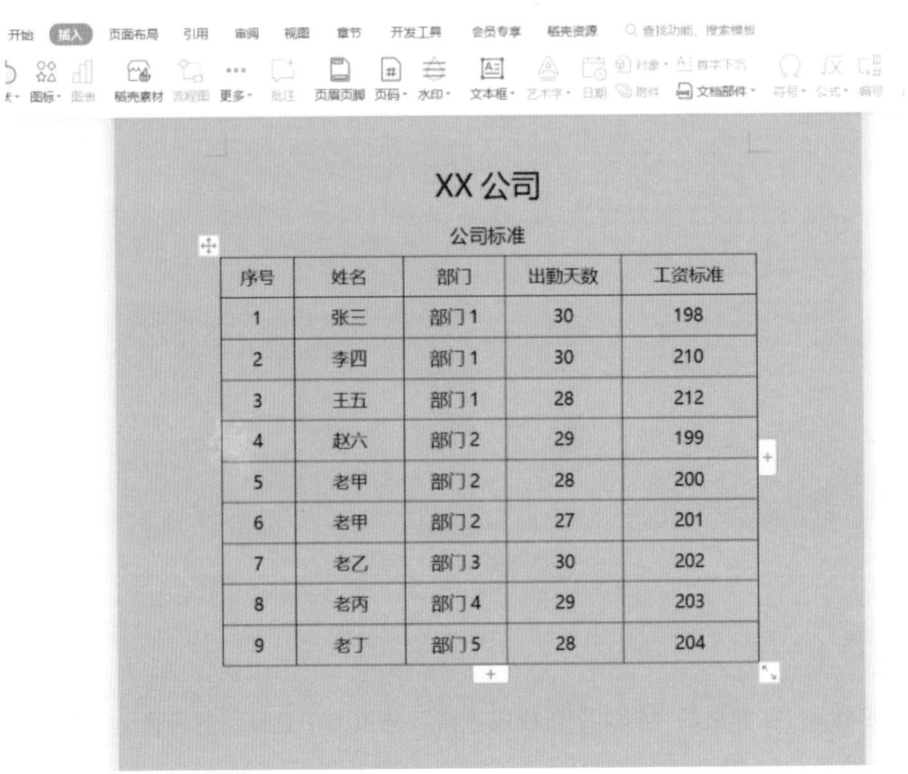

序号	姓名	部门	出勤天数	工资标准
1	张三	部门 1	30	198
2	李四	部门 1	30	210
3	王五	部门 1	28	212
4	赵六	部门 2	29	199
5	老甲	部门 2	28	200
6	老甲	部门 2	27	201
7	老乙	部门 3	30	202
8	老丙	部门 4	29	203
9	老丁	部门 5	28	204

图 3.9.6

3.10 调整行高与列宽

在 WPS 中，插入表格的行高与列宽都是默认的，我们可以根据需要对表格的行高与列宽进行调整。

案例：调整原表格的行高与列宽

步骤 1：选中全部表格，在“功能栏”下选择“表格工具”选项卡中“自动调整”下拉命令的“适应窗口大小”命令。如图 3.10.1 所示。

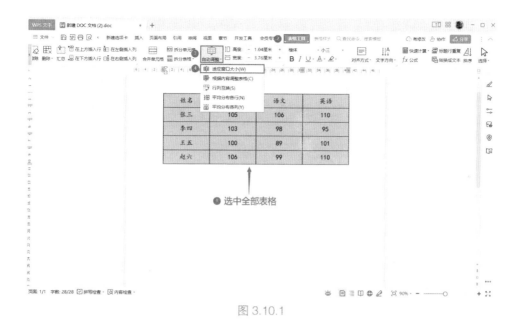

图 3.10.1

步骤 2：选中全部表格，在"功能栏"下选择"表格工具"选项卡中"自动调整"下拉命令的"平均分布各行"命令。如图 3.10.2 所示。

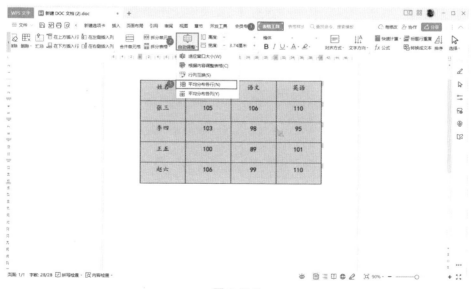

图 3.10.2

步骤 3：如果想对某一行或者某一列进行调整，可以选中某一行，并对其行高与列宽的数值进行设置。如图 3.10.3 所示。

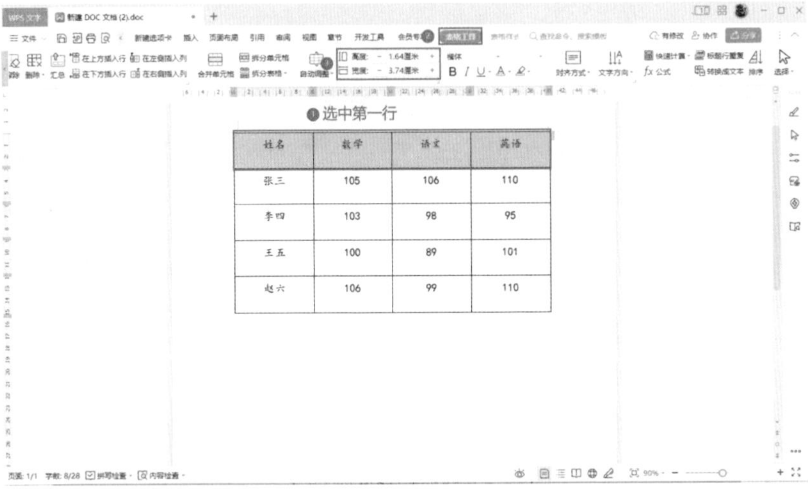

图 3.10.3

我们也可以直接用鼠标拖拽的方式来完成各行、列的设置。鼠标移动到制表符上会显示允许拖拽的标志，将光标放到标志上，点击鼠标左键并拖动鼠标，便可以调整单元格的大小。如图 3.10.4 所示。

图 3.10.4

第4章
Excel 表格的办公应用

WPS 中使用电子表格分析数据时，需要熟练运用表格的插入与删除、行与列的设置、样式的选择以及数据的分析等工具。本章主要讲述 WPS 表格在日常应用中的技巧，希望能提高读者 WPS 表格的办公应用能力。

4.1　插入与删除工作表

制作表格的过程中，有时需要插入新表格或者将无用的表格删除。如果不能熟练地应用插入与删除表格的方法，会使表格整体显得很混乱。

案例：插入与删除工作表

步骤 1：WPS 默认第一个工作表格的名称为"sheet1"，在工作表标签"sheet1"上点击鼠标右键，然后选择"插入工作表"命令。如图 4.1.1 所示。

图 4.1.1

步骤 2：在"插入工作表"选项卡中，我们可以选择需要插入的工作表数量以及插入的位置。如图 4.1.2 所示。

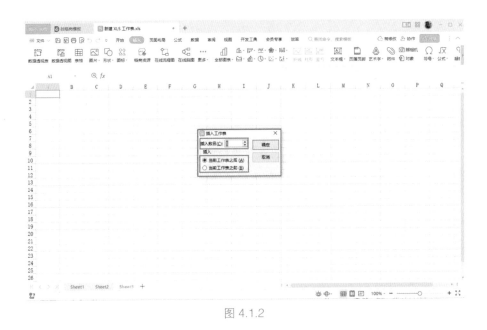

图 4.1.2

步骤 3：在需要删除的工作表标签上点击鼠标右键，在弹出的命令栏中选择"删除工作表"命令，便可以删除不需要的工作表。如图 4.1.3 所示。

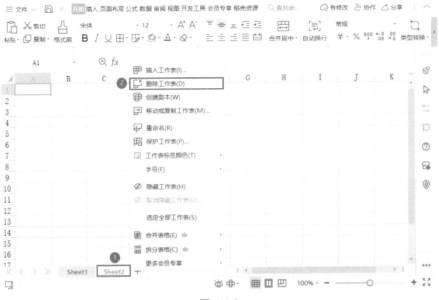

图 4.1.3

4.2　行、列与单元格的应用

在实际应用的过程中，我们可以通过工具对行、列与单元格进行设计，使表格变得更加美观。

案例 1：调整表格的行高与列宽，使表格更加整洁美观

步骤：选中需要编辑的表格，依次在"功能栏"下"开始"选项卡中选择"行和列"下拉命令中的"最适合的行高"与"最适合的列宽"。如图 4.2.1 所示。

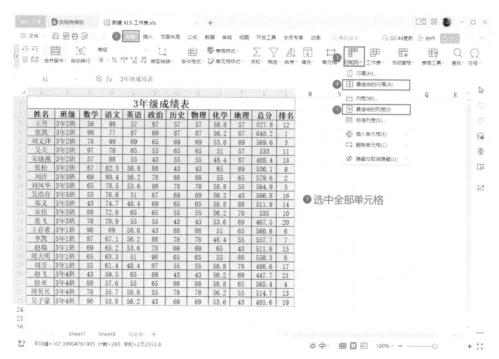

图 4.2.1

调整表格行高与列宽后，效果如图 4.2.2 所示。

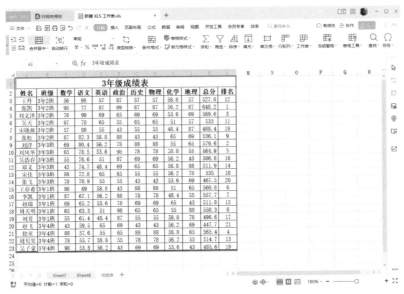

图 4.2.2

案例 2：合并和拆分单元格

步骤：选中需要合并的单元格，在"功能栏"下"开始"选项卡中选择"合并居中"下拉命令中的"合并相同单元格"命令。

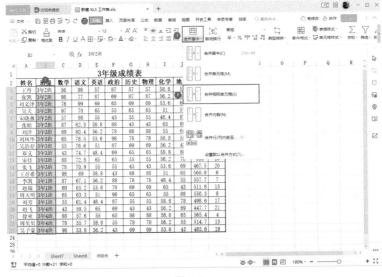

图 4.2.3

合并的单元格也可以进行拆分，选中需要拆分的单元格，在"功能栏"下"开始"选项卡中选择"合并居中"下拉命令中的"拆分并填充内容"命令，如图 4.2.4 所示。

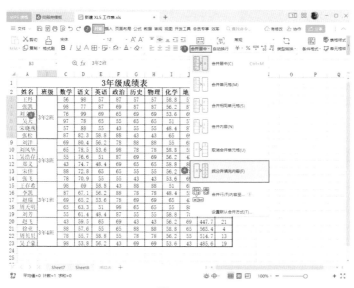

图 4.2.4

拆分后的效果如图 4.2.5 所示。

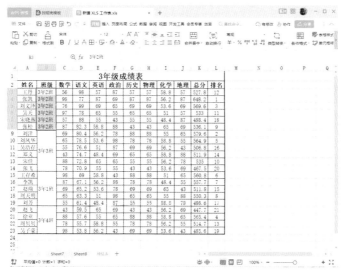

图 4.2.5

4.3　表格样式的选择

WPS 中提供了多种表格样式，可以根据需要选择合适的样式。

案例：给表格添加表格样式

步骤 1：选中需要添加样式的表格，在"功能栏"下"开始"选项卡中选择"表格样式"命令，然后根据需要选择一款合适的样式。如图 4.3.1 所示。

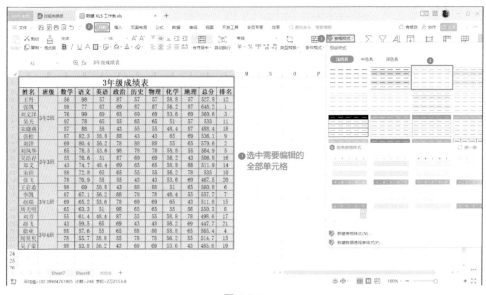

图 4.3.1

步骤 2：选择样式后会弹出"套用表格样式"选项卡，在"表数据的来源"区域选择需要的表格样式区域。如图 4.3.2 所示。

图 4.3.2

添加完表格样式后的效果如图 4.3.3 所示。

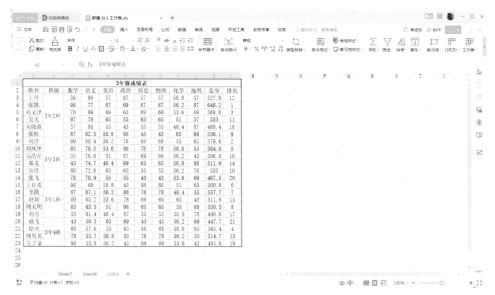

图 4.3.3

4.4   滚动页面时标题始终显示的技巧

在实际应用中，遇到大量的数据表格内容需要使用滚轮进行翻动查看时，可以设置在滚动页面时标题始终显示，这样就不需要再翻看数据的标题。

案例：给表格添加"冻结窗格"属性

步骤：选择需要始终显示的数据的下一行，在"功能栏"下"视图"选项卡中选择"冻结窗格"下拉命令中的"冻结至第 2 行"。如图 4.4.1 所示。

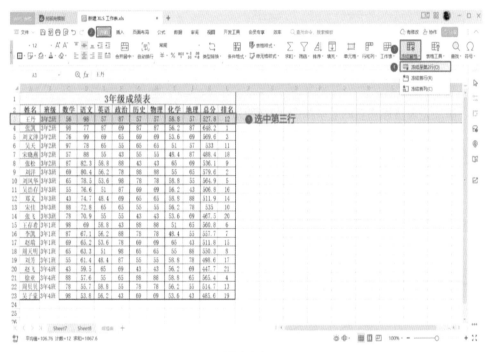

图 4.4.1

当我们下翻滚轮时，表名以及表头会始终显示在标题位置，如图 4.4.2 所示。

图 4.4.2

4.5　表格中页眉与页脚的插入

WPS 表格中也可以根据实际需求添加页眉与页脚。

案例：为表格添加页眉与页脚

步骤 1：在"功能栏"下"插入"选项卡中选择"页眉页脚"命令。如图 4.5.1 所示。

图 4.5.1

步骤 2：在弹出的"页面设置"选项卡中选择"页眉 / 页脚"选项中的"自定义页眉"命令。如图 4.5.2 所示。

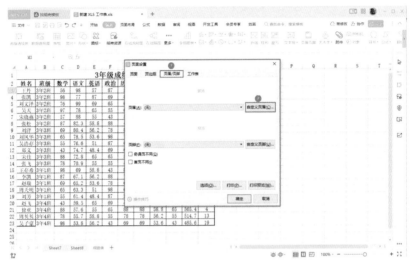

图 4.5.2

步骤 3：在弹出的"自定义页眉"选项卡中，输入需要添加的页眉内容，然后单击"字体"命令。如图 4.5.3 所示。

图 4.5.3

步骤 4：在弹出的"字体"选项卡中叮以分别设置字体、字形、大小等属性，编辑完成后点击"确定"。如图 4.5.4 所示。

图 4.5.4

步骤 5：在"页面设置"选项卡中，"页脚"选择"第 1 页"，然后点击"打印预览"按钮。如图 4.5.5 所示。

图 4.5.5

设置完成后的打印预览效果如图 4.5.6 所示。

图 4.5.6

4.6　设置缩放打印

表格打印时，可能会遇到最后一页纸上只有寥寥内容，但是这些内容又无法移到前一页纸上，只能单独占一页的情况。这时我们可以使用 WPS 中的缩放打印功能将最后一页的小部分内容调到前一页纸张上去。

案例：调整打印缩放比例

步骤 1：在"功能栏"下"页面布局"选项卡中选择"页面设置"按钮。如图 4.6.1 所示。

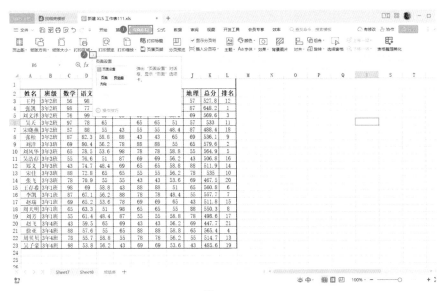

图 4.6.1

步骤 2：在弹出的"页面设置"选项卡中选择"页面"选项下的"缩放"命令。我们可以在这里调节缩放比例，或者直接选择"将整个工作表打印在一页"命令，这样 WPS 会自动设置缩放比例。如图 4.6.2 所示。

图 4.6.2

4.7 设置保护工作表

在 WPS 中可以给工作表设置保护功能，防止内容被篡改或盗取。

案例：保护工作表数据

步骤 1：在“功能栏”下“审阅”选项卡中选择“保护工作表”命令。如图 4.7.1 所示。

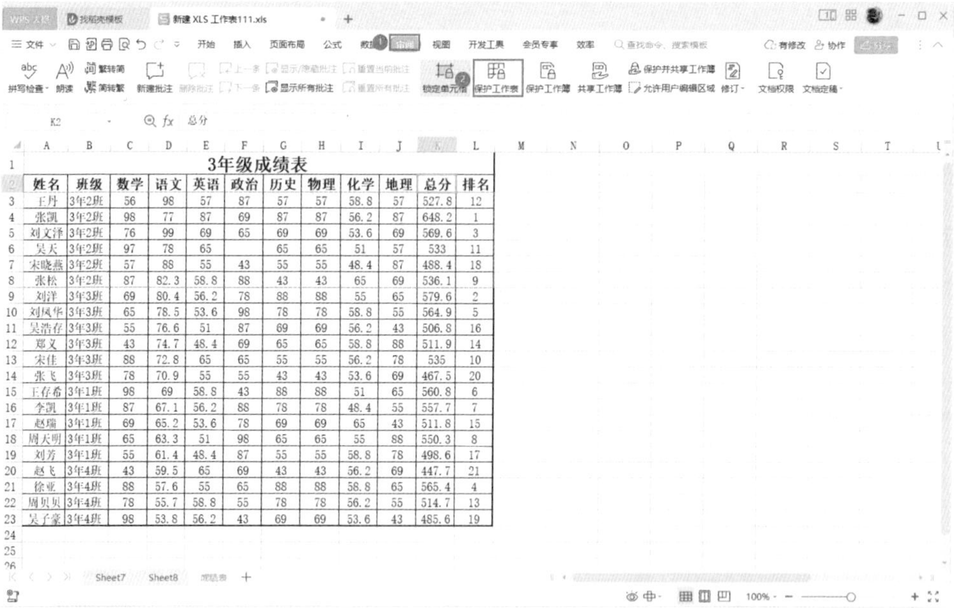

3年级成绩表

姓名	班级	数学	语文	英语	政治	历史	物理	化学	地理	总分	排名
王丹	3年2班	56	98	57	87	57	57	58.8	57	527.8	12
张凯	3年2班	98	77	87	69	87	87	56.2	87	648.2	1
刘文泽	3年2班	76	99	69	65	69	69	53.6	69	569.6	3
吴天	3年2班	97	78	65		65	65	51	57	533	11
宋晓燕	3年2班	57	88	55	43	55	55	48.4	87	488.4	18
张松	3年2班	87	82.3	58.8	88	43	43	65	69	536.1	9
刘洋	3年3班	69	80.4	56.2	78	88	88	55	65	579.6	2
刘风华	3年3班	65	78.5	53.6	98	78	78	58.8	55	564.9	5
吴浩存	3年3班	55	76.6	51	87	69	69	56.2	43	506.8	16
郑文	3年3班	43	74.7	48.4	69	65	65	58.8	88	511.9	14
宋佳	3年3班	88	72.8	65	65	55	55	56.2	78	535	10
张飞	3年3班	78	70.9	55	55	43	43	53.6	69	467.5	20
王存希	3年1班	98	69	58.8	43	88	88	51	65	560.8	6
李凯	3年1班	87	67.1	56.2	88	78	78	48.4	55	557.7	7
赵瑞	3年1班	69	65.2	53.6	78	69	69	65	43	511.8	15
周天明	3年1班	65	63.3	51	98	65	65	55	88	550.3	8
刘芳	3年1班	55	61.4	48.4	87	55	55	58.8	78	498.6	17
赵飞	3年4班	43	59.5	65	69	43	43	56.2	69	447.7	21
徐亚	3年4班	88	57.6	55	65	88	88	58.8	65	565.4	4
周贝贝	3年4班	78	55.7	58.8	55	78	78	56.2	55	514.7	13
吴子豪	3年4班	98	53.8	56.2	43	69	69	53.6	43	485.6	19

图 4.7.1

步骤 2：在“保护工作表”选项卡中设置密码保护，然后点击“确定”。如图 4.7.2 所示。

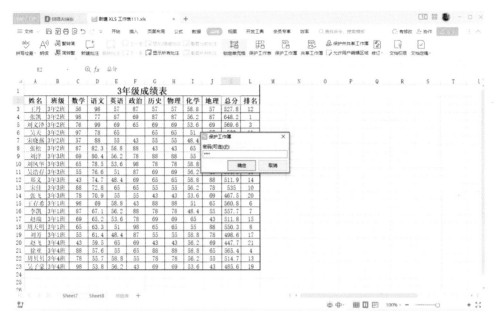

图 4.7.2

步骤 3："确定密码"后便完成了保护工作表的设置。如图 4.7.3 所示。

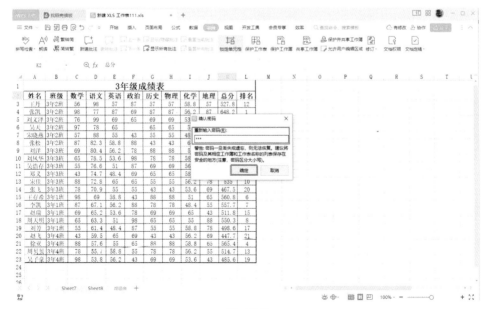

图 4.7.3

4.8　核心表格如何隐藏

在 WPS 中可以设置将核心表格进行隐藏。

案例：将学生成绩表进行隐藏

步骤：在工作表标签中选择"成绩表"，点击鼠标右键选择命令栏中的"隐藏工作表"命令。如图 4.8.1 所示。

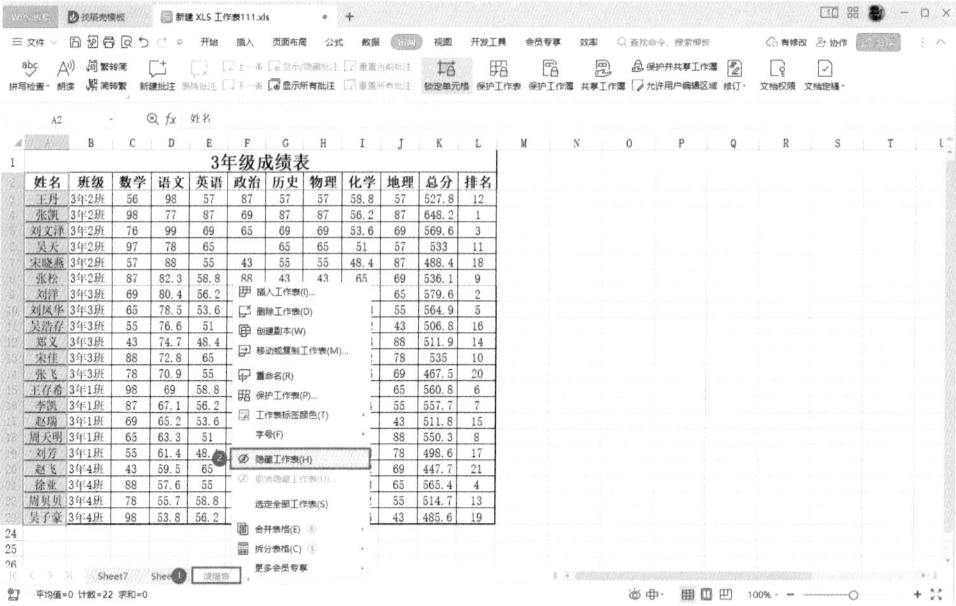

图 4.8.1

需要注意的是，当工作簿中只有一个工作表时不能进行隐藏工作表的操作。如图 4.8.2 所示。

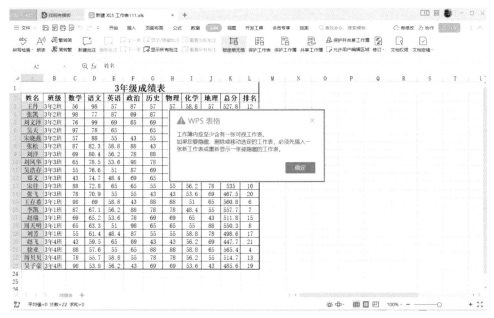

图 4.8.2

4.9　设置打印部分数据

在打印表格数据时，如果只需要打印其中的一部分内容，可以在 WPS 中选择打印区域后进行区域打印操作。

案例：仅打印 3 年 2 班的成绩表

步骤 1：选择需要打印的区域，在"功能栏"下"页面布局"选项卡中选择"打印区域"下拉命令中的"设置打印区域"命令。如图 4.9.1 所示。

● 选中需要打印的单元格

图 4.9.1

步骤 2：然后，可以在打印预览中看到部分打印的效果。如图 4.9.2 所示。

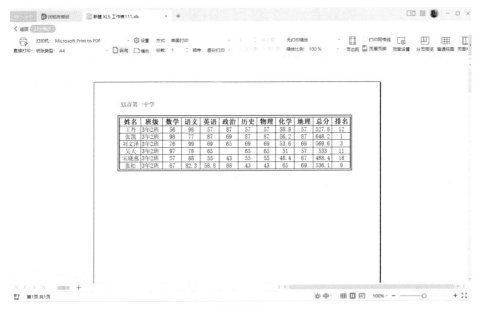

图 4.9.2

4.10　应用数据透视表和数据透视图整理表格

数据透视表和数据透视图能将数据更加直观地呈现出来，可以从多角度有针对性地从大量数据中提取有用的数据。

案例 1：利用数据透视表整理表格

步骤 1：在需要整理的表格中任意选择一个单元格，在"功能栏"下"插入"选项卡中选择"数据透视表"命令。如图 4.10.1 所示。

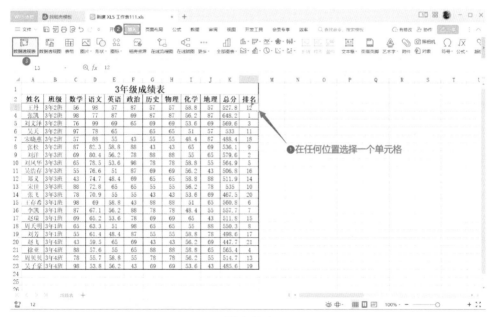

图 4.10.1

步骤 2：在弹出的"创建数据透视表"选项卡中选择"新工作表"命令。如图 4.10.2 所示。

图 4.10.2

步骤 3：在"新工作表"的"字段列表"中选择"姓名"与"数学"选项，在"值域"中选择"平均值项"。这样就可以在大量的表格数据中只显示学生的数学成绩以及数学平均分数。如图 4.10.3 所示。

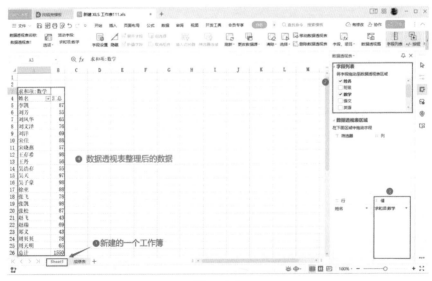

图 4.10.3

案例 2：使用数据透视图整理表格

步骤 1：在需要整理的表格中任意选择一个单元格，在"功能栏"下"插入"选项卡中选择"数据透视图"命令。如图 4.10.4 所示。

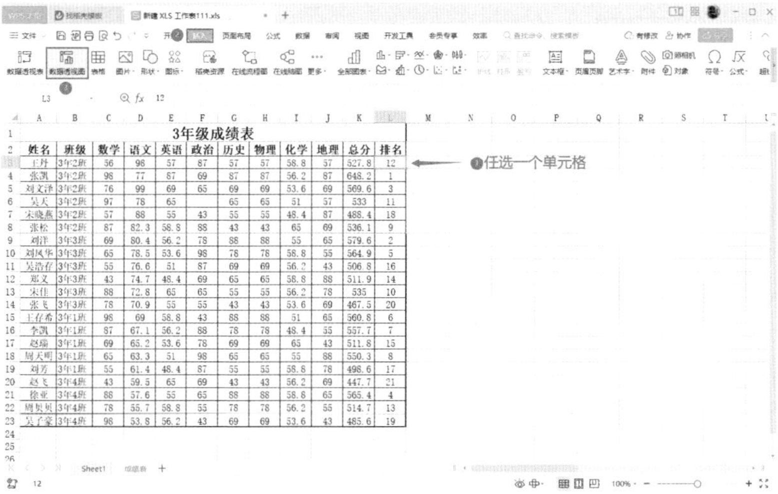

图 4.10.4

步骤 2：在弹出的"创建数据透视图"选项卡中选择"新工作表"命令。如图 4.10.5 所示。

图 4.10.5

步骤 3：在"新工作表"的"字段列表"中选择"姓名"与"数学"选项，在
"值域"中选择"平均值项"。这样就可以直观地从数据透视图中看到学生的数学成
绩。如图 4.10.6 所示。

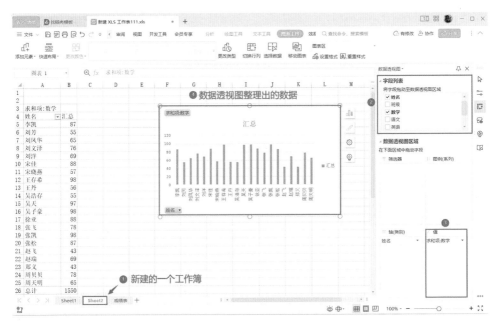

图 4.10.6

第 5 章
演示文稿的设计与制作

WPS 的演示文稿可用于制作与播放幻灯片。演示文稿的制作分为几个步骤，分别为准备素材、确定方案、初步制作、细节装饰和演播预演。本章我们将学习演示文稿的基础功能，包括幻灯片的制作、日期的更新、设置幻灯片的配色方案、音乐与视频的插入、幻灯片页面的设置与风格的选择。

5.1　新建幻灯片

WPS 演示文稿默认提供一张幻灯片，如果我们需要更多的文稿，可以新建幻灯片。

案例：新建一张幻灯片

步骤：在"功能栏"下"开始"选项卡中选择"新建幻灯片"命令。在"新建幻灯片"选项卡中选择"新建"中的一个幻灯片模板。如图 5.1.1 所示。

图 5.1.1

新建的模板位置如图 5.1.2 所示。

图 5.1.2

5.2　自动更新日期和时间

如果幻灯片中有日期和时间，我们可以使用 WPS 中的"自动更新"功能实现幻灯片的日期和时间的更新。

案例：自动更新幻灯片中的日期和时间

步骤 1：在"功能栏"下"插入"选项卡中选择"日期和时间"命令。如图 5.2.1 所示。

图 5.2.1

步骤 2：在弹出的"页眉和页脚"选项卡中选择"幻灯片"命令栏中的"日期和时间"命令，在显示方式中选择"自动更新"，然后点击"全部应用"按钮。如图5.2.2 所示。

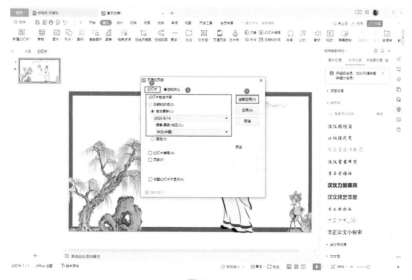

图 5.2.2

5.3　快速插入关系图

WPS 中提供了各式各样的关系图模板，我们可以直接使用这些模板来快速完成幻灯片的制作。

案例：快速插入关系图

步骤 1：在"功能栏"下"插入"选项卡中选择"稻壳资源"。如图 5.3.1 所示。

图 5.3.1

步骤 2：在"稻壳资源"选项卡中选择左侧的"关系图"，然后在右侧的关系图模板中选择一款合适的关系图模板。如图 5.3.2 所示。

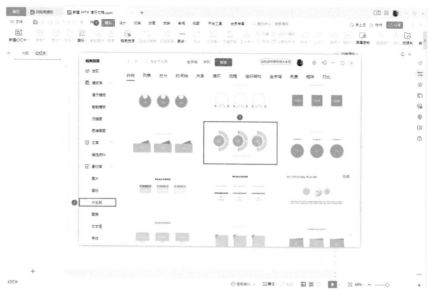

图 5.3.2

步骤 3：插入关系图模板后，可以在右侧的智能特性中进行细节优化。如图 5.3.3
所示。

图 5.3.3

5.4 设置幻灯片的配色方案

幻灯片需要适合的色彩进行搭配，我们可以使用 WPS 中提供的配色方案对幻灯片进行颜色搭配。

案例：给幻灯片设置配色方案

步骤 1：在"功能栏"下"设计"选项卡中选择"配色方案"命令。如图 5.4.1 所示。

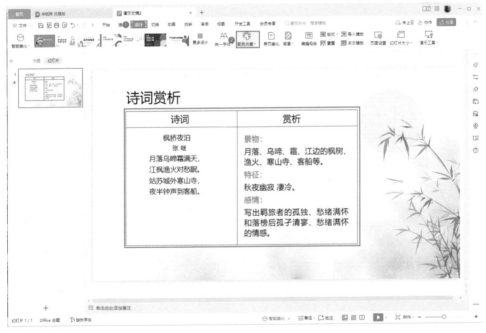

图 5.4.1

步骤 2：在"配色方案"选项卡中我们可以根据 WPS 中推荐的方案进行选择。推荐方案有三种，分别是"按颜色""按色系"和"按风格"。如图 5.4.2 所示。

图 5.4.2

5.5　平面图与三维图的转换

在 WPS 中，可以完成幻灯片从平面图到三维图的转换，这样可以提升幻灯片中一些简易图片的质感。

案例：将平面图转换为三维图

步骤 1：双击需要转换的图形，调出图形的"对象属性"选项卡。如图 5.5.1 所示。

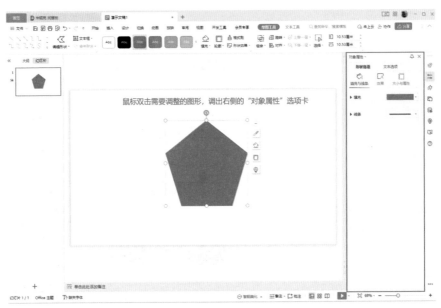

图 5.5.1

步骤 2：在"对象属性"选项卡中调整"效果"选项中的"三维格式"和"三维旋转"的数值。这样便可以完成幻灯片平面图到三维图的转换。如图 5.5.2 所示。

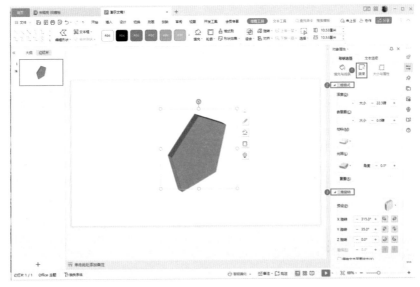

图 5.5.2

5.6　在幻灯片中加入音乐与视频

在制作幻灯片的过程中，可以根据需要在幻灯片中加入音频文件或者视频文件，使幻灯片更加完整生动。

案例：给幻灯片添加音频文件与视频文件

步骤 1：在"功能栏"下"插入"选项卡中选择"音频"命令。如图 5.6.1 所示。

图 5.6.1

步骤 2：稻壳音频提供了很多 BGM（背景音乐）可供我们选择，或者我们也可以在"音频"选项卡中选择"嵌入音频"命令。选择合适的音乐后，点击"打开"就可以将音频导入幻灯片中。如图 5.6.2 所示。

图 5.6.2

步骤 3：在"功能栏"下"插入"选项卡中选择"视频"命令下的"嵌入视频"命令，同"步骤 2"一样，选择合适的视频添加进幻灯片即可。如图 5.6.3 所示。

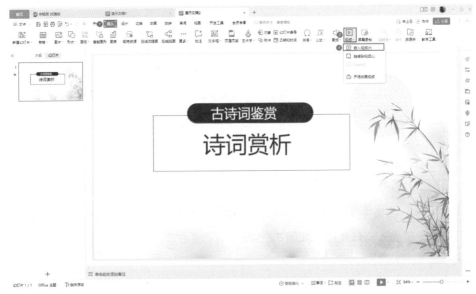

图 5.6.3

5.7　在幻灯片的同一位置设置 logo

在制作幻灯片的过程中，有时需要将 logo 固定到幻灯片同样的位置上。如果逐张去调整会非常耗时、耗力，并且效果也不尽如人意，我们可以利用 WPS 中的母版功能快速解决这个问题。

案例：在幻灯片的同一位置设置 logo

步骤 1：在"功能栏"下"视图"选项卡中选择"幻灯片母版"命令。如图 5.7.1 所示。

图 5.7.1

步骤 2：进入幻灯片母版视图后，在第一张母版版式中加入 logo 图片，调整到合适的位置和大小后，点击"关闭"命令。如图 5.7.2 所示。

图 5.7.2

步骤 3：退出幻灯片母版视图后，会看见在原幻灯片中每一页同一位置均加入了 logo。如图 5.7.3 所示。

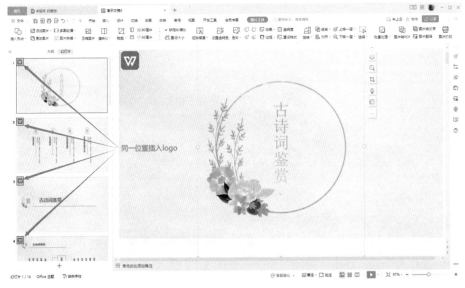

图 5.7.3

5.8　快速新建动画幻灯片

动画幻灯片可以更加生动地展示幻灯片的内容，将枯燥的数字、图表以动画形式呈现出来。在 WPS 中，"稻壳"提供了非常多的动画幻灯片模板供我们选择。

案例：快速新建动画幻灯片

步骤 1：在"功能栏"下"插入"选项卡中选择"新建幻灯片"命令下的"动画"区域，"稻壳"展示了很多生动的动画模板。如图 5.8.1 所示。

图 5.8.1

步骤 2：选择一款模板后，可以直接对内容进行调整，就可以快速地完成一款动画幻灯片的制作。如图 5.8.2 所示。

图 5.8.2

5.9　演示文稿的页面设置

我们可以根据自己的需求设置演示文稿的页面大小。

案例：设置演示文稿的页面宽度

步骤 1：在"功能栏"下"设计"选项卡中选择"幻灯片大小"命令下的"自定义大小"命令。如图 5.9.1 所示。

图 5.9.1

步骤 2：在"页面设置"选项卡中对"幻灯片大小""纸张大小""方向"以及"备注、讲义和大纲"四个方面进行设置，设置完成后点击"确定"即可。如图 5.9.2 所示。

图 5.9.2

5.10 幻灯片的风格选择

幻灯片的风格是根据制作幻灯片时的需求决定的，包括幻灯片版式的布局方式、颜色色调等内容。本章的 5.4 节中已经讲过幻灯片如何调整配色方案，这一节讲解如何调整幻灯片版式的布局。

案例：调整幻灯片版式的布局方式

步骤 1：在"功能栏"下"开始"选项卡中选择"版式"命令下的"母版版式"命令，然后可以根据需要调整母版的版式。如图 5.10.1 所示。

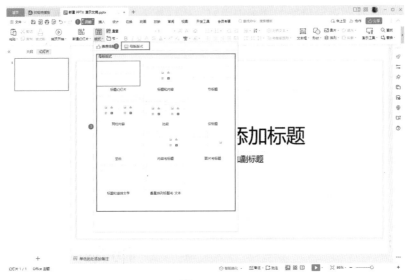

图 5.10.1

步骤 2：如果母版版式没有达到我们的要求，可以在"功能栏"下"开始"选项卡中选择"版式"命令下的"推荐排版"命令，根据需要挑选一款合适的排版。如图 5.10.2 所示。

图 5.10.2

第6章
演示文稿的放映与转换

无论多么精美的演示文稿，如果无法放映出来也是徒劳的。换句话说，演示文稿的呈现方式很重要，而且必须要考虑文稿放映的现场环境与需求，同时也要掌握演示文稿的保存以及打印。本章我们就来学习演示文稿的放映与转换。

6.1 幻灯片放映方式的选择

幻灯片放映的方式多种多样，我们可以根据个人的演讲需要去设置幻灯片的放映方式。

案例：设置幻灯片的放映方式

步骤 1：在"功能栏"下"放映"选项卡中选择"放映设置"下拉命令中的"放映设置"命令。如图 6.1.1 所示。

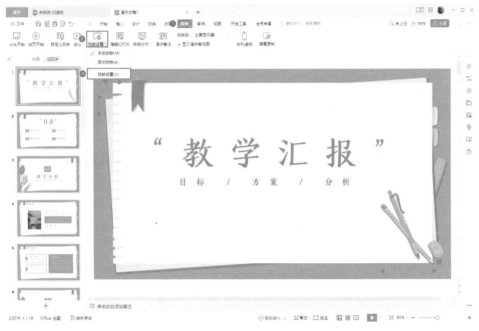

图 6.1.1

步骤 2：在"设置放映方式"选项卡中，可以针对放映类型、放映选项、幻灯片放映范围、换片方式和多显示器模式进行选择，设置后点击"确定"即可。如图 6.1.2 所示。

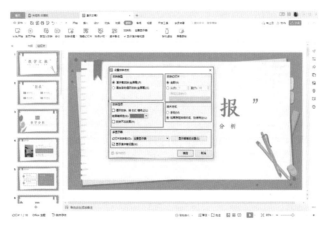

图 6.1.2

6.2　从某一页开始放映幻灯片

当需要从特定页开始播放幻灯片时，可以在 WPS 中直接跳转到特定页进行播放。

案例：从特定页开始播放幻灯片

步骤：在 WPS 中选择第二页幻灯片，在"功能栏"下"放映"选项卡中选择"当页开始"命令，便可以完成从第二页开始播放幻灯片的设置。如图 6.2.1 所示。

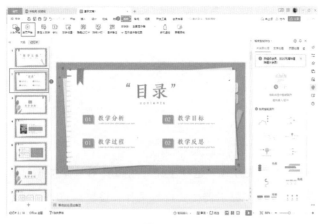

图 6.2.1

6.3　只放映需要的幻灯片

播放幻灯片时，有时需要将一部分不需要的幻灯片内容进行隐藏。此时，我们可以利用 WPS 中的"隐藏幻灯片"功能来进行设置。

案例：隐藏部分不需要播放的幻灯片

步骤：选择需要隐藏的幻灯片，然后在"功能栏"下"放映"选项卡中选择"隐藏幻灯片"命令就可以直接隐藏幻灯片。如图 6.3.1 所示。

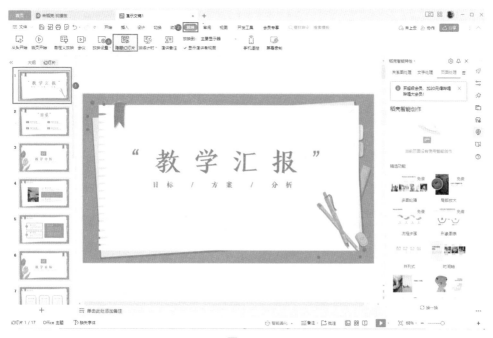

图 6.3.1

隐藏后的幻灯片编码显示如图 6.3.2 所示。

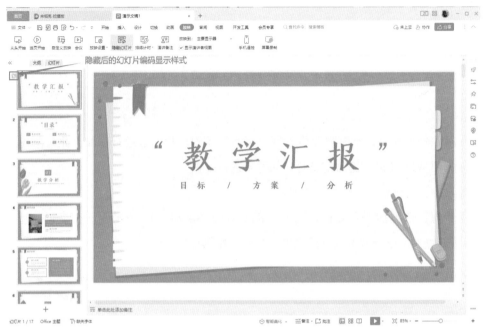

图 6.3.2

6.4　设置幻灯片的放映时间

在 WPS 中可以设置幻灯片的放映时间，包括整部幻灯片的时间以及每张幻灯片的放映时间。

案例：设置整部幻灯片的播放时间

步骤 1：在"功能栏"下"放映"选项卡中选择"排练计时"下的"排练全部"命令。如图 6.4.1 所示。

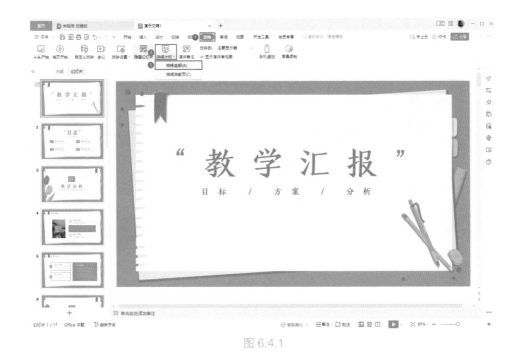

图 6.4.1

步骤 2：在播放预演中，可以对"选择进行下一页""暂停预演""本张幻灯片播放时间"和"整部幻灯片总时间"进行设置。如图 6.4.2 所示。

图 6.4.2

步骤3：设置完成后，"WPS 演示"选项卡中会显示幻灯片放映总时间，如果确定没有问题可以选择"是"。如图 6.4.3 所示。

图 6.4.3

步骤4：在幻灯片浏览视图中可以直接看到每张幻灯片的放映时间。如图 6.4.4 所示。

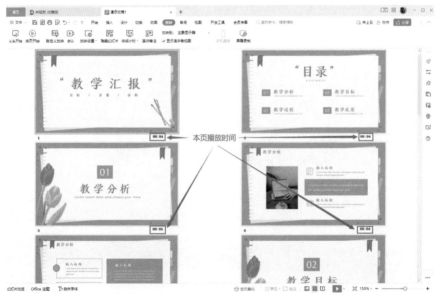

图 6.4.4

压缩演示文稿

为了保证幻灯片在分享与播放过程中里面的视频、音频等多媒体文件不丢失，我们可以将幻灯片整体压缩打包。

案例：将演示文稿进行压缩打包

步骤 1：在"功能栏"下"文件"选项卡中选择"文件打包"拓展命令中的"将演示文档打包成压缩文件"命令。如图 6.5.1 所示。

图 6.5.1

步骤 2：在"演示文件打包"选项卡中，设定好压缩文件名与保存位置后点击"确定"。如图 6.5.2 所示。

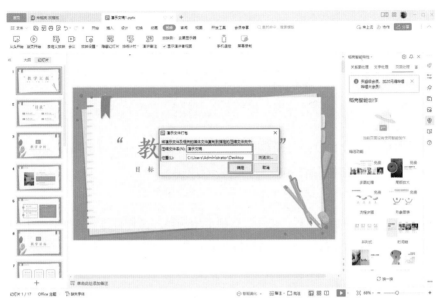

图 6.5.2

步骤 3：在"已完成打包"选项卡中，可以选择"关闭"或"打开压缩文件"命令。如图 6.5.3 所示。

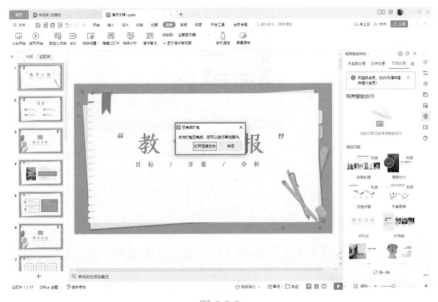

图 6.5.3

6.6　将幻灯片转换为视频

在 WPS 中可以将幻灯片转换为视频文件用于播放。

案例：将幻灯片转换为视频文件

步骤 1：在"功能栏"下"文件"选项卡中选择"另存为"拓展命令中的"输出为视频"命令。如图 6.6.1 所示。

图 6.6.1

步骤 2：在"另存文件"选项卡中设置文件的保存位置、文件名、文件类型，设置完成后点击"保存"即可。如图 6.6.2 所示。

图 6.6.2

步骤 3：系统会自动下载与安装 WebM 视频解码器插件。如图 6.6.3 所示。

图 6.6.3

步骤 4：下载与安装完成后点击"完成"。如图 6.6.4 所示。

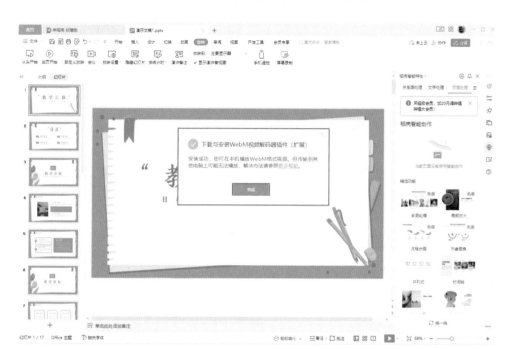

图 6.6.4

步骤 5：完成输出后可以选择直接打开视频文件或者打开文件所在位置，即可进行播放。如图 6.6.5 所示。

图 6.6.5

6.7 将幻灯片转换为 PDF 文件

在 WPS 中，幻灯片也可以直接转换为 PDF 文件。

案例：将幻灯片转换为 PDF 文件

步骤 1：在"功能栏"下"文件"选项卡中选择"输出为 PDF"命令。如图 6.7.1 所示。

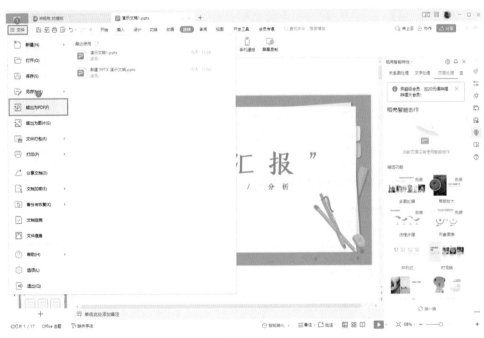

图 6.7.1

步骤 2：在"输出为 PDF"选项卡中，设定输出范围和保存位置的参数，设定完成后点击"开始输出"按钮。如图 6.7.2 所示。

图 6.7.2

　　步骤 3：输出完成后，可以在"状态"栏下查看输出是否成功，在"操作"栏下，可以选择"打开文件""打开文件位置"和"关闭"命令。如图 6.7.3 所示。

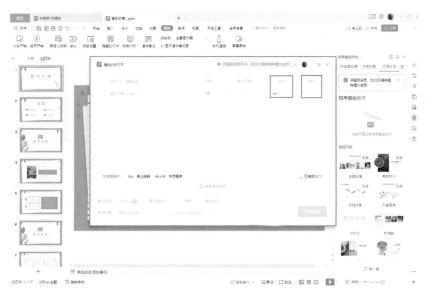

图 6.7.3

6.8　将幻灯片转换为图片

在 WPS 中可以直接将幻灯片转换为图片，便于传播以及保存幻灯片内容。

案例：将幻灯片转换为图片

步骤 1：在"功能栏"下"文件"选项卡中选择"输出为图片"命令。如图 6.8.1 所示。

图 6.8.1

步骤 2：在"输出为图片"选项卡中设置输出方式、页数、格式、颜色、输出目录等参数，设置完成后点击"输出"按钮。如图 6.8.2 所示。

图 6.8.2

第 7 章
原创图形的设计与制作

　　WPS 中提供了很多图形制作模板，如果在线上模板中没有选中合适的模板，我们可以使用 WPS 设计与制作原创图形。本章学习如何制作原创流程图、思维导图、柱形图、折线图、饼图、条形图和面积图。

7.1　流程图的设计与制作

在 WPS 中可以完成流程图的设计与制作。

案例：设计一款流程图

步骤 1：在"功能栏"下"插入"选项卡中选择"在制流程图"命令。如图 7.1.1 所示。

图 7.1.1

步骤 2：在"流程图"选项卡中选择"新建空白"命令。如图 7.1.2 所示。

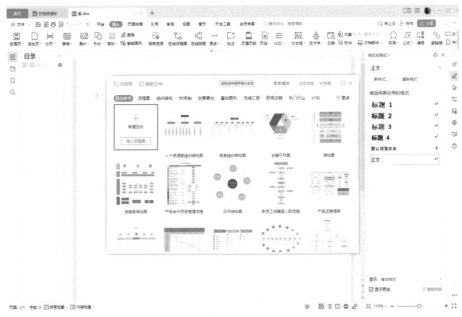

图 7.1.2

步骤3：在流程图编辑界面，选择"Flowchart 流程图"中的"开始/结束"图形，用鼠标拖拽到编辑页面中。如图 7.1.3 所示。

图 7.1.3

步骤 4：鼠标移动到需要拓展的位置，当鼠标变成"+"字形状后，拖拽目标点向下，然后选择需要的下一级图标。如图 7.1.4 所示。

图 7.1.4

步骤 5：双击图形进行文字编辑，编辑好文字后在界面上方可以调整文字属性。如图 7.1.5 所示。

图 7.1.5

步骤 6：按照步骤 4 和步骤 5，依次完成"开始—流程 1—判断—流程 2—结束"的流程图。如图 7.1.6 所示。

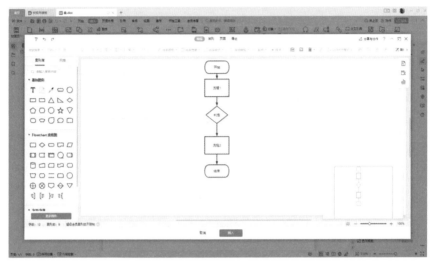

图 7.1.6

步骤 7：鼠标左键选择"判断"图形的左侧点，拖拽或移动到"结束"图形的上侧点。如图 7.1.7 所示。

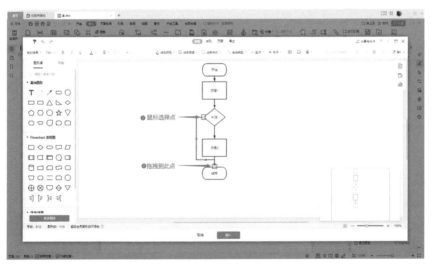

图 7.1.7

步骤 8：在"Flowchart 流程图"中选择"注释"图形，鼠标拖拽"注释"图形到连线左侧，然后加上判断条件。如图 7.1.8 所示。

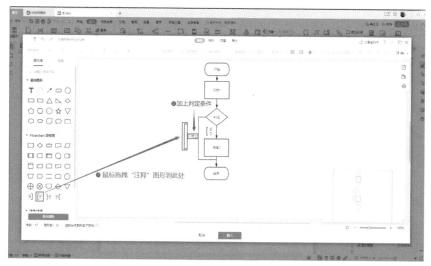

图 7.1.8

步骤 9：在编辑页面上方选择"导出"命令，在下方选择需要导出的格式。如图 7.1.9 所示。

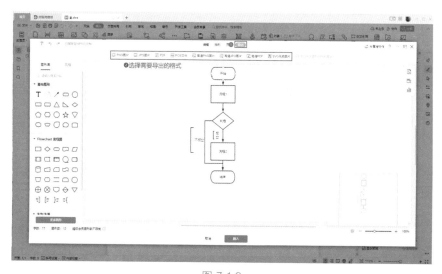

图 7.1.9

步骤 10：在图片导出界面设置保存目录、文件名、格式等信息，然后选择"导出"。如图 7.1.10 所示。

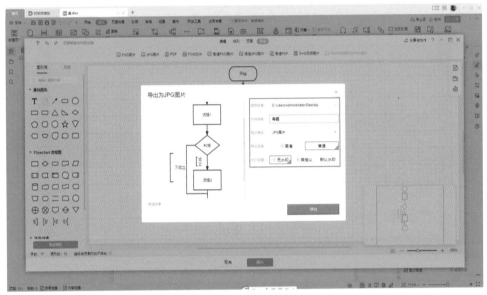

图 7.1.10

7.2　思维导图的设计与制作

在 WPS 中可以完成思维导图的设计与制作。

案例：设计一款思维导图

步骤 1：在电脑桌面右键选择"新建"命令下的"思维导图"命令，如图 7.2.1。

图 7.2.1

步骤 2：在思维导图设计页面，选择"新建"中的"单向导图"，如图 7.2.2。

图 7.2.2

步骤 3：在思维导图编辑界面，选择"页面样式"选项卡下的"主题风格"，根据要求选择一款适合的主题，如图 7.2.3。

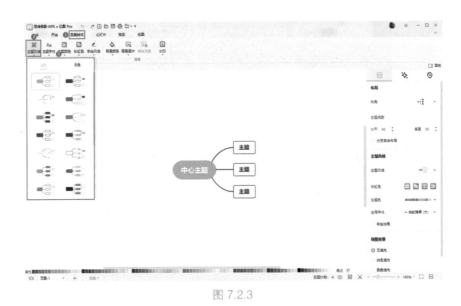

图 7.2.3

步骤 4：选择"中心主题"，可以增加或减少"主题"的数量、编辑文字的属性、编辑主题的属性、编辑边框的属性以及编辑线条的属性，如图 7.2.4。

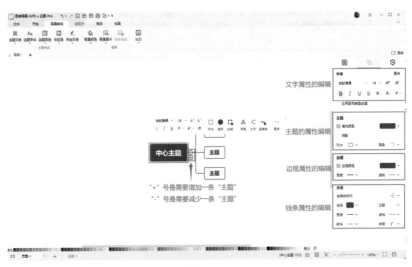

图 7.2.4

步骤 5：编辑好"中心主题"后，可以继续按照同样的方法编辑"主题"的属性，如图 7.2.5。

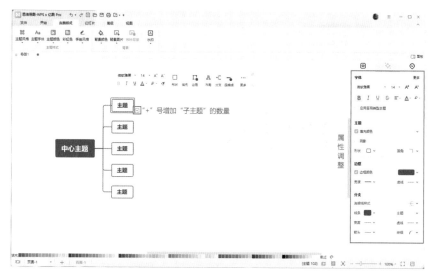

图 7.2.5

步骤 6：编辑好整体框架后，选择"页面样式"选项卡下的"背景颜色"可以替换思维导图的背景，如图 7.2.6。

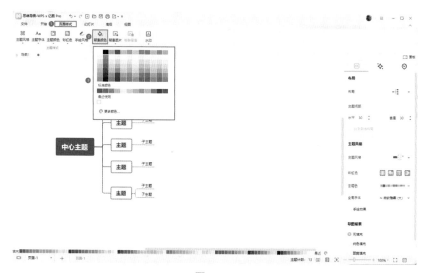

图 7.2.6

选择"背景图片"命令可以更换有纹理的思维导图背景，或者选择"浏览文件"命令，用本地图片替换，如图 7.2.7。

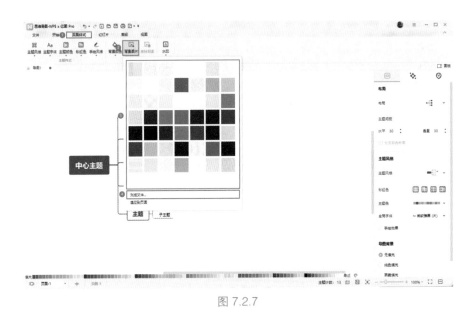

图 7.2.7

步骤 7：选择"水印"命令给思维导图添加水印属性，如图 7.2.8。

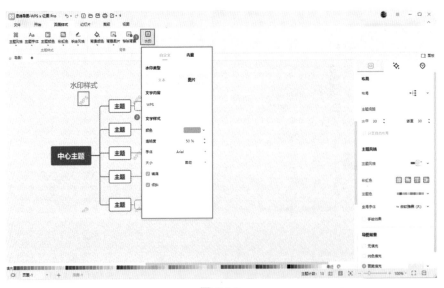

图 7.2.8

步骤 8：制作完成后，选择功能栏中的"保存"命令，如图 7.2.9。

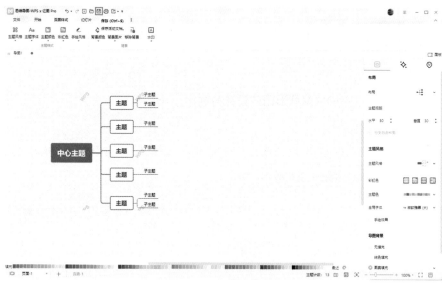

图 7.2.9

步骤 9：在保存界面，选择保存思维导图的地址，点击"保存"命令，如图
7.2.10。

图 7.2.10

7.3　柱形图的设计与制作

在 WPS 中可以完成数据柱形图的设计与制作。

案例：制作柱形图

步骤 1：在"功能栏"下"插入"选项卡中选择"全部图表"下拉命令中的"全部图表"命令。如图 7.3.1 所示。

图 7.3.1

步骤 2：在"全部图表"选项卡中选择"柱形图"中的"簇状柱形图"命令。如图 7.3.2 所示。

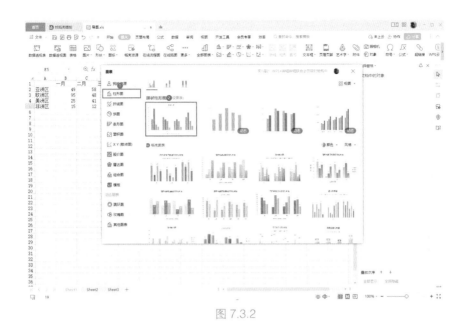

图 7.3.2

柱形图制作完成后，可以在"绘图工具"中对图表的细节进行修改。如图 7.3.3
所示。

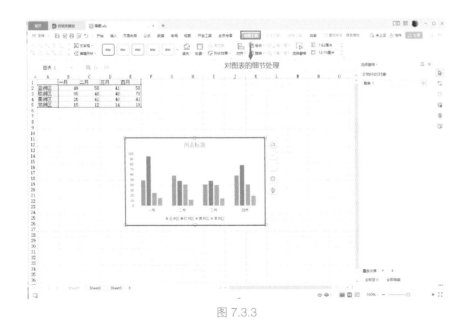

图 7.3.3

7.4   折线图的设计与制作

在 WPS 中可以完成数据折线图的设计与制作。

案例：制作折线图

步骤 1：在"功能栏"下"插入"选项卡中选择"全部图表"下拉命令中的"全部图表"命令。如图 7.4.1 所示。

图 7.4.1

步骤 2：在"全部图表"选项卡中选择"折线图"中的"折线图"命令。如图 7.4.2 所示。

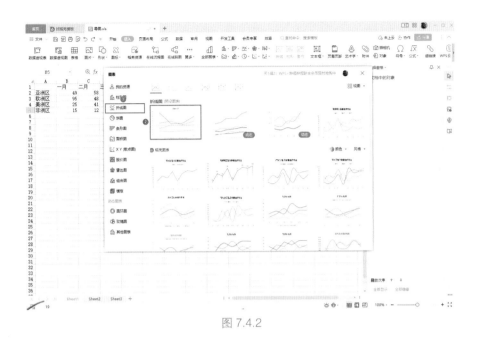

图 7.4.2

折线图制作完成后，可以在"绘图工具"中对图表的细节进行修改。如图 7.4.3
所示。

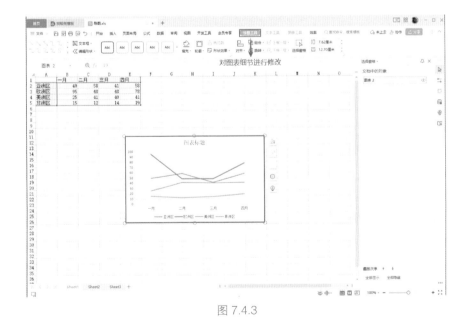

图 7.4.3

7.5 饼图的设计与制作

在 WPS 中可以完成数据饼图的设计与制作。

案例：制作饼图

步骤 1：在"功能栏"下"插入"选项卡中选择"全部图表"下拉命令中的
"全部图表"命令。如图 7.5.1 所示。

图 7.5.1

步骤 2：在"全部图表"选项卡中选择"饼图"中的"饼图"命令。如图 7.5.2
所示。

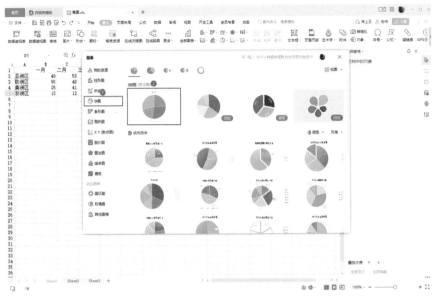

图 7.5.2

饼图制作完成后，可以在"绘图工具"中对图表的细节进行修改。如图 7.5.3
所示。

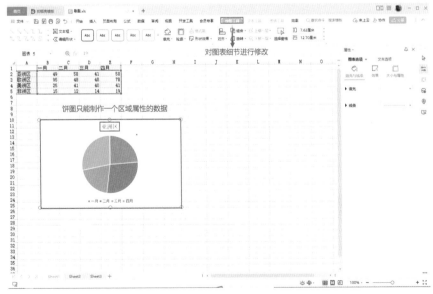

图 7.5.3

7.6　条形图的设计与制作

在 WPS 中可以完成数据条形图的设计与制作。

案例：制作条形图

步骤 1：在"功能栏"下"插入"选项卡中选择"全部图表"下拉命令中的"全部图表"命令。如图 7.6.1 所示。

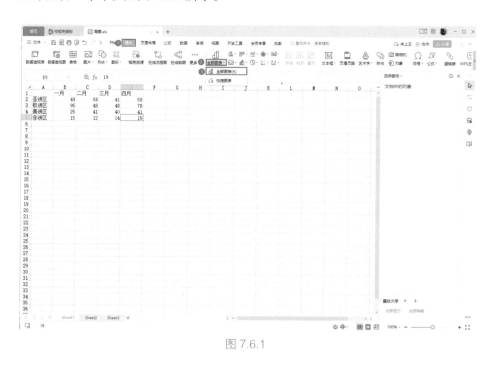

图 7.6.1

步骤 2：在"全部图表"选项卡中选择"条形图"中的"簇状条形图"命令。如图 7.6.2 所示。

图 7.6.2

条形图制作完成后，可以在"绘图工具"中对图表的细节进行修改。如图 7.6.3
所示。

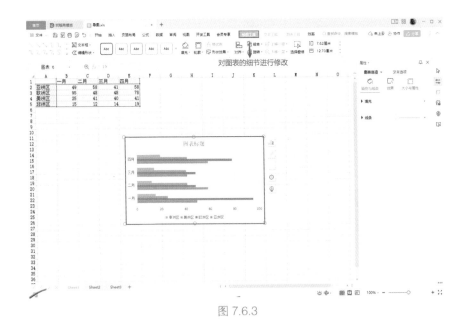

图 7.6.3

7.7　面积图的设计与制作

在 WPS 中可以完成面积图的设计与制作。

案例：制作面积图

步骤 1：在"功能栏"下"插入"选项卡中选择"全部图表"下拉命令中的"全部图表"命令。如图 7.7.1 所示。

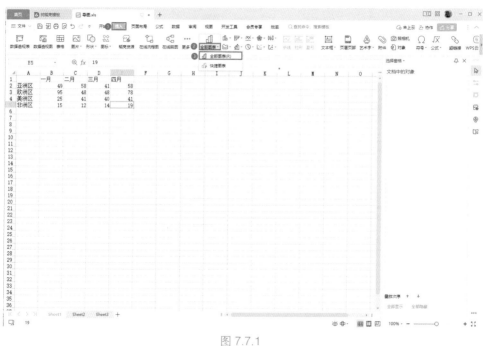

图 7.7.1

步骤 2：在"全部图表"选项卡中选择"面积图"中的"面积图"命令。如图 7.7.2 所示。

图 7.7.2

面积图制作完成后，可以在"绘图工具"中对图表的细节进行修改。如图 7.7.3
所示。

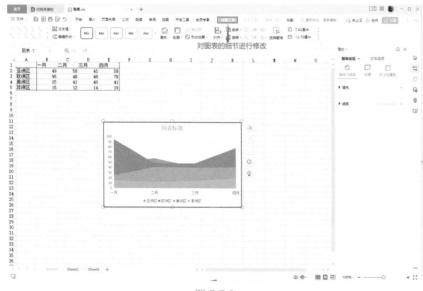

图 7.7.3

第 8 章
图形模板的高效使用

WPS 中提供了很多图形模板，我们可以从大量的在线模板中选出最适合的模板样式进行使用。本章学习如何高效地使用思维导图模板、树状图模板、鱼骨图模板、时间轴模板、循环图模板。

8.1　思维导图模板的使用

WPS 可以从在线模板中选择合适的思维导图模板样式进行制作。

案例：使用在线模板制作思维导图

步骤 1：在电脑桌面右键选择"新建"命令中的"思维导图"命令，如图 8.1.1。

图 8.1.1

步骤 2：进入思维导图编辑界面后，选择"新建"命令中的"经典模板"命令，选择适合的思维导图模板导入，如图 8.1.2。

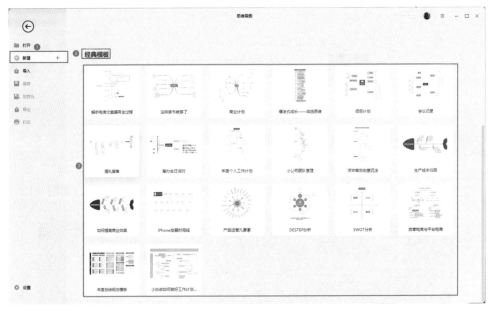

图 8.1.2

步骤 3：导入后，在编辑页面进行细节编辑，如图 8.1.3。

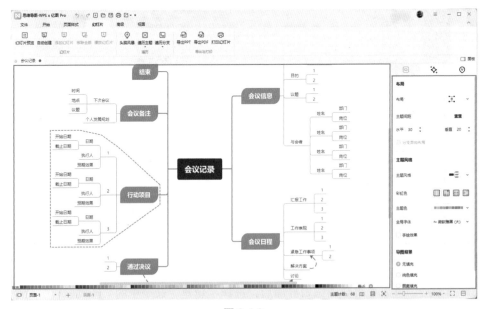

图 8.1.3

步骤 4：编辑完成后，选择"保存"命令将制作好的思维导图导出，如图 8.1.4。

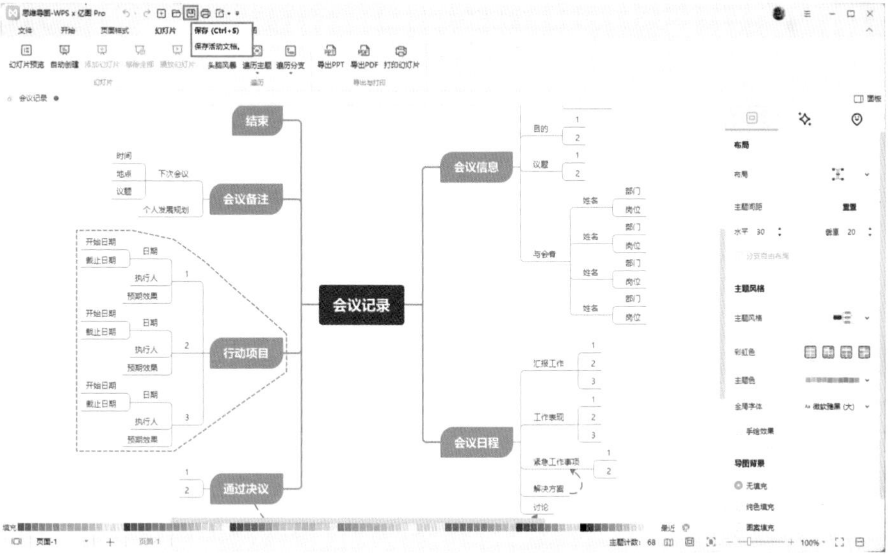

图 8.1.4

步骤 5：选择保存位置后，点击"保存"，如图 8.1.5。

图 8.1.5

8.2 树状图模板的使用

WPS 可以从在线模板中选择合适的树状图模板样式进行制作。

案例：使用在线模板制作树状图

步骤 1：在"功能栏"下"插入"选项卡中选择"流程图"命令。如图 8.2.1 所示。

图 8.2.1

步骤 2：在"流程图"选项卡中的搜索栏中输入"树状图"，然后根据自己的需要选择合适的树状图模板即可。如图 8.2.2 所示。

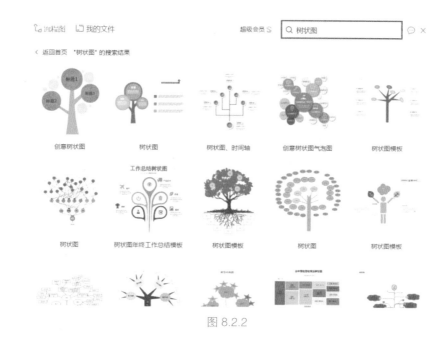

图 8.2.2

插入树状图模板后的效果如图 8.2.3 所示。

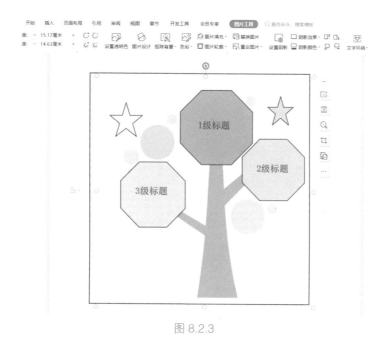

图 8.2.3

8.3　鱼骨图模板的使用

WPS 可以从在线模板中选择合适的鱼骨图模板样式进行制作。

案例：使用在线模板制作鱼骨图

步骤 1：在"功能栏"下"插入"选项卡中选择"流程图"命令。如图 8.3.1 所示。

图 8.3.1

步骤 2：在"流程图"选项卡中的搜索栏中输入"鱼骨图"，然后根据自己的需要选择合适的鱼骨图模板。如图 8.3.2 所示。

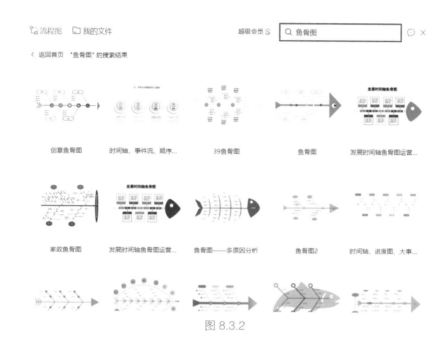

图 8.3.2

插入鱼骨图模板后的效果如图 8.3.3 所示。

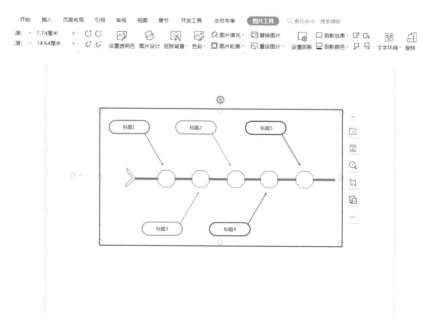

图 8.3.3

8.4　时间轴模板的使用

WPS 可以从在线模板中选择合适的时间轴模板样式进行制作。

案例：使用在线模板制作时间轴

步骤 1：在"功能栏"下"插入"选项卡中选择"流程图"命令。如图 8.4.1 所示。

图 8.4.1

步骤 2：在"流程图"选项卡中的搜索栏中输入"时间轴"，然后根据自己的需要选择合适的时间轴模板。如图 8.4.2 所示。

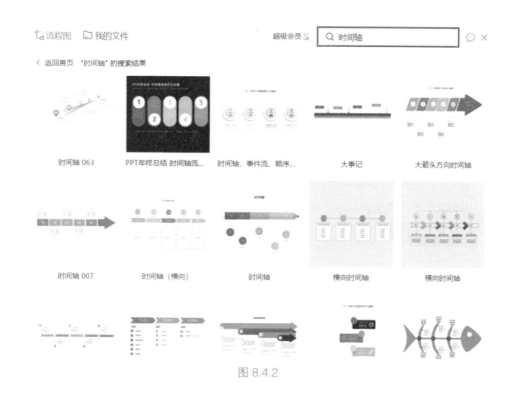

图 8.4.2

插入时间轴模板后的效果如图 8.4.3 所示。

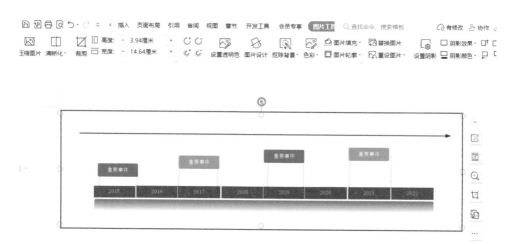

图 8.4.3

8.5　循环图模板的使用

WPS 可以从在线模板中选择合适的循环图模板样式进行制作。

案例：使用在线模板制作循环图

步骤 1：在"功能栏"下"插入"选项卡中选择"更多"下拉命令中的"流程图"命令。如图 8.5.1 所示。

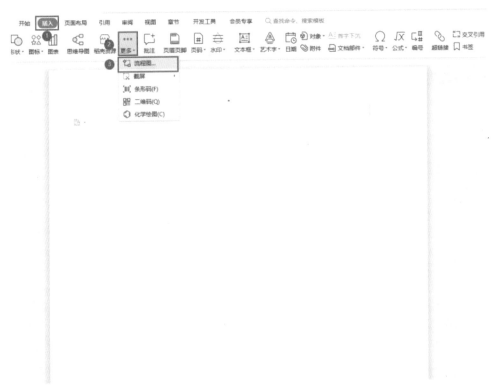

图 8.5.1

步骤 2：在"流程图"选项卡中的搜索栏中输入"循环图"，然后根据自己的需要选择合适的循环图模板。如图 8.5.2 所示。

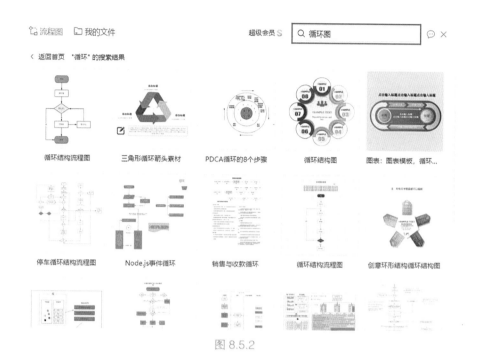

图 8.5.2

插入循环图模板后的效果如图 8.5.3 所示。

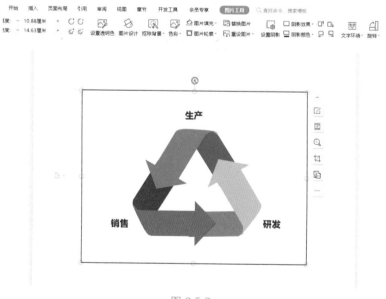

图 8.5.3

第9章
编辑与调整 PDF

在 WPS 中，除了可以处理文档、表格和幻灯片，还可以处理 PDF 文件。PDF 避免了因为操作平台的不同而无法实现信息交互的情况。

9.1　快速查阅 PDF

在查阅 PDF 时，进入阅读模式可以保护文件资料不被修改。

案例 1：手动查阅 PDF

步骤：选择"功能栏"下"文件"下方的"手型"命令，便可以直接用鼠标拖拽查看 PDF 文件。如图 9.1.1 所示。

图 9.1.1

案例 2：自动查阅 PDF

步骤：在"功能栏"下"开始"选项卡中选择"自动滚动"下拉命令中的"2 倍速度"，这样 PDF 文件会开始自动滚动查阅。如图 9.1.2 所示。

图 9.1.2

案例 3：使用"播放"命令全屏查阅

步骤 1：在"功能栏"下"开始"选项卡中选择"播放"命令。如图 9.1.3 所示。

图 9.1.3

步骤 2：进入全屏播放页面后，右上角会出现翻页、缩放、退出的命令按钮。如图 9.1.4 所示。

缩放功能　　　退出功能

翻页功能

图 9.1.4

9.2 PDF 页面背景的设置

WPS 中页面的阅读背景默认是白色，我们可以通过设置修改阅读背景。

案例：将 PDF 页面背景设置为"羊皮纸"模式

步骤 1：打开 PDF 文件的设置界面。如图 9.2.1 所示。

图 9.2.1

步骤 2：在"自定义设置"选项卡中选择"常规设置"，将"背景色"改为"羊皮纸"，并点击"确定"。如图 9.2.2 所示。

图 9.2.2

放置完成后效果如图 9.2.3 所示。

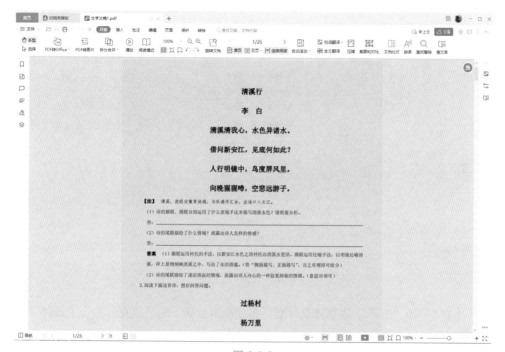

图 9.2.3

9.3　PDF 文字与图片的编辑

在 PDF 中，也可以对其中的文字和图片进行修改。本节用遮挡的形式进行修改。

案例：将文档中的图片删除

步骤 1：在"功能栏"下"批注"选项卡中选择"形状批注"下面的"矩形"命令。如图 9.3.1 所示。

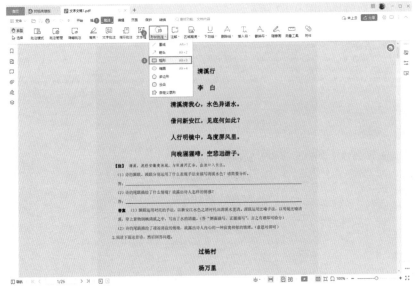

图 9.3.1

步骤 2：用"矩形"命令遮盖答案，在"绘图工具"的"填充"命令下选择"白色"为填充色。如图 9.3.2 所示。

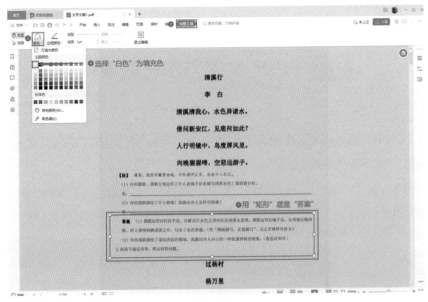

图 9.3.2

步骤 3：选择后会看到 PDF 中的答案已经被白色遮挡住了。图片部分的修改和文字一样，都是用白色填充修改。如图 9.3.3 所示。

图 9.3.3

9.4　快速查找 PDF 页面

如果 PDF 的页码太多，想快速查找到想找的页面，可以使用 PDF 中的"书签"工具。

案例：利用书签工具快速查找页面

步骤 1：打开页面中的"导航栏"。如图 9.4.1 所示。

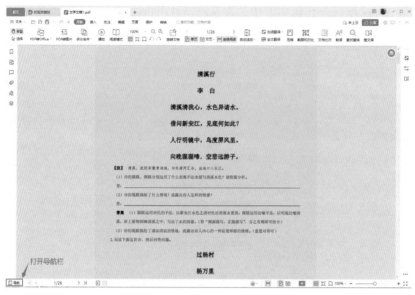

图 9.4.1

步骤 2：在"导航栏"中选择"书签"，在书签中就可以快速找到需要的页面。如图 9.4.2 所示。

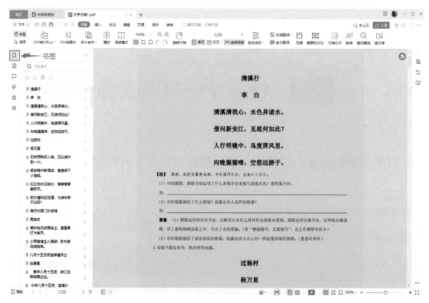

图 9.4.2

9.5 修改与批注 PDF

PDF 中同样可以使用批注功能。

案例：为 PDF 添加批注

步骤 1：在"功能栏"下选择"批注"选项卡中的"批注模式"，然后在"注解"命令下选择"红色"。如图 9.5.1 所示

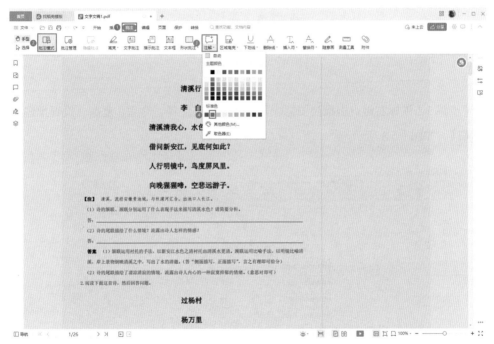

图 9.5.1

步骤 2：选择需要批注的地方进行批注。如图 9.5.2 所示。

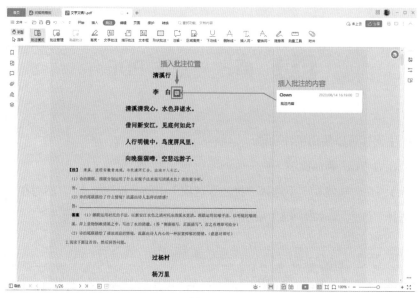

图 9.5.2

步骤 3：鼠标右键点击批注图标，可以选择回复注释、删除、复制、设置批注框等属性。如图 9.5.3 所示。

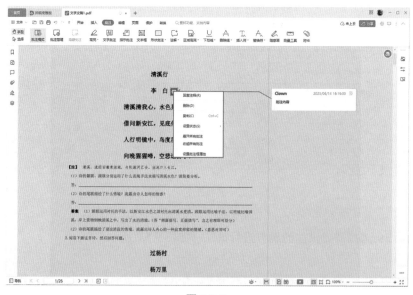

图 9.5.3

9.6　新页面的插入

在 PDF 中，有时需要插入新的内容，WPS 可以使用新页面插入功能来实现内容的扩充。

案例：给原文件插入新页面

步骤 1：在"功能栏"下"页面"选项卡中选择"导入页面"下拉命令中的"从文件导入"命令。如图 9.6.1 所示。

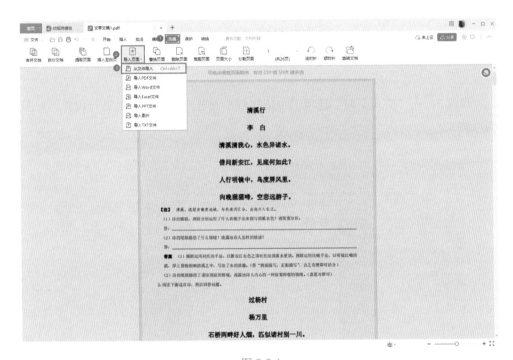

图 9.6.1

步骤 2：选择需要插入的页面文件，点击"打开"。如图 9.6.2 所示。

图 9.6.2

步骤 3：在"插入页面"选项卡中依次对页面范围和插入位置进行设置。如图 9.6.3 所示。

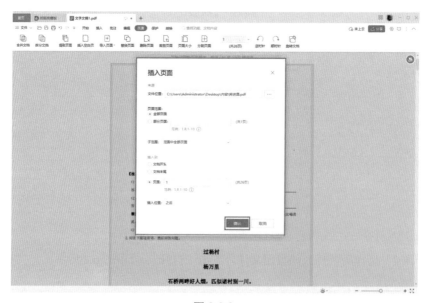

图 9.6.3

插入新页面后的效果如图 9.6.4 所示。

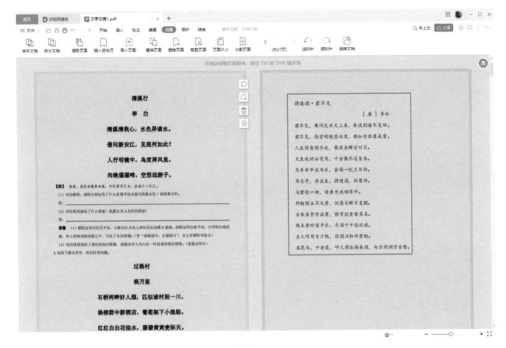

图 9.6.4

第 10 章
PDF 的转换利用

PDF 可以将文字、格式、颜色及独立于设备和分辨率的图形图像等封装在一个文件中，它还可以包含超文本链接、声音和动态影像等电子信息，集成度和安全可靠性都很高，非常便于储存、传播与分享。除此之外，PDF 文件转换为其他格式后编辑起来也很方便。本章讲如何将 PDF 转换为 Word、Excel、图片、文本、演示文稿以及长图。

10.1 PDF 转换为 Word

Word 适合文本编辑，如果 PDF 文件中有大量的文字需要编辑美化，可以使用 WPS 中的转换功能完成转换，然后再进行编辑美化。

案例：将 PDF 文件转换为 Word

步骤 1：在"功能栏"下选择"转换"命令中的"PDF 转 Word"命令。如图 10.1.1 所示。

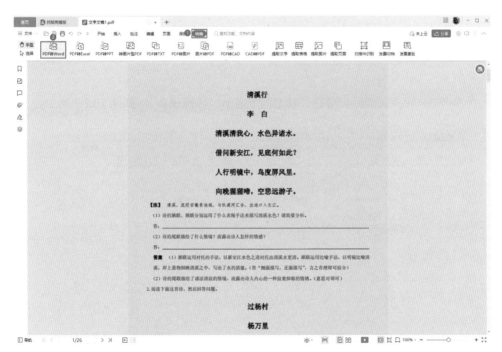

图 10.1.1

步骤 2：在转换界面中选择"转为 Word"，然后依次对输出范围、转换模式、输出目录进行设置，设置完成后直接点击"开始转换"按钮。如图 10.1.2 所示。

图 10.1.2

步骤 3：转换完成后，会在"状态"下显示"转换成功"。如图 10.1.3 所示。

图 10.1.3

10.2　PDF 转换为 Excel

Excel 表格适用于对数据的统计、分析、整理等工作。如果 PDF 中有数据需要进行分析整理，可以使用 WPS 中的转换功能完成转换。

案例：将 PDF 转换为 Excel

步骤 1：在"功能栏"下选择"转换"命令中的"PDF 转 Excel"命令。如图 10.2.1 所示。

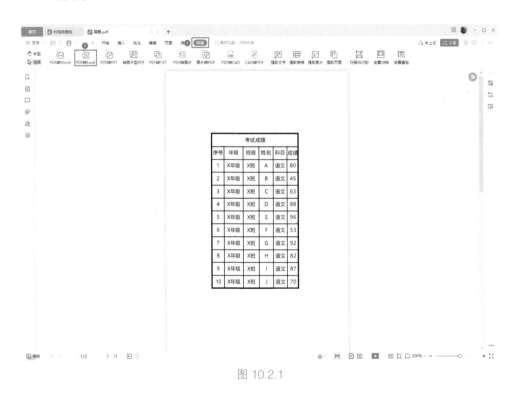

图 10.2.1

步骤 2：在转换界面中选择"转为 Excel"，然后依次对输出范围、转换模式、输出目录进行设置，设置完成后直接点击"开始转换"按钮。如图 10.2.2 所示。

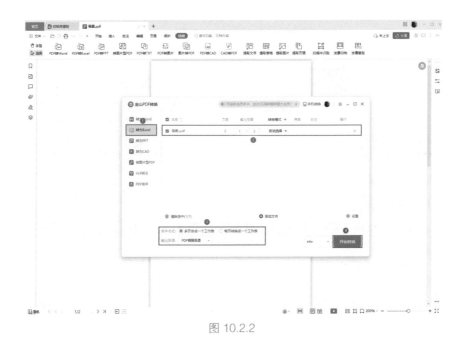

图 10.2.2

步骤 3：转换完成后，会在"状态"下显示"转换成功"。如图 10.2.3 所示。

图 10.2.3

10.3　PDF 转换为图片

如果我们需要将PDF中的图片进行编辑，可以使用WPS中的转换功能完成转换。

案例：将 PDF 转换为图片

步骤 1：在"功能栏"下选择"转换"命令中的"PDF 转图片"命令。如图 10.3.1 所示。

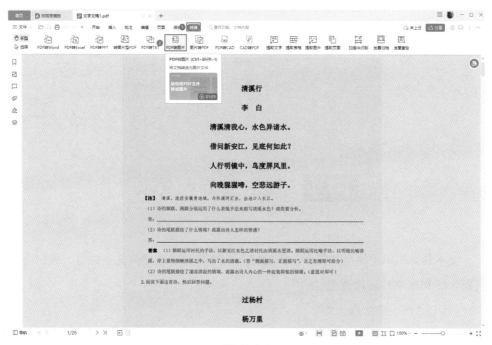

图 10.3.1

步骤 2：在转换界面中依次对输出的方式、页数、格式、尺寸、颜色和输出目录进行设置，设置完成后直接点击"输出"按钮。如图 10.3.2 所示。

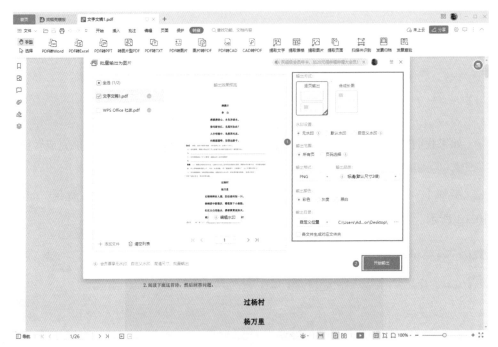

图 10.3.2

10.4 PDF 转换为文本

文本具有占用空间小、便于操作的特点。如果 PDF 中是纯文字内容，我们可以将接收的 PDF 文件转化为文本。

案例：将 PDF 转换为文本

步骤 1：在"功能栏"下选择"转换"命令中的"PDF 转 TXT"命令。如图 10.4.1 所示。

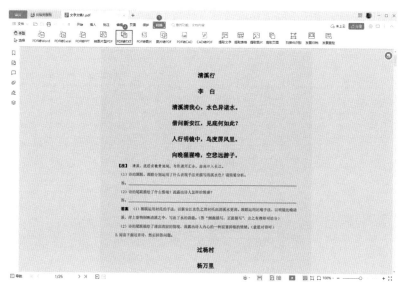

图 10.4.1

步骤 2：在"PDF 转 TXT"界面中设置页面范围以及输出目录，然后点击"转换"。如图 10.4.2 所示。

图 10.4.2

步骤 3：转换完成后会提示转换结果。如图 10.4.3 所示。

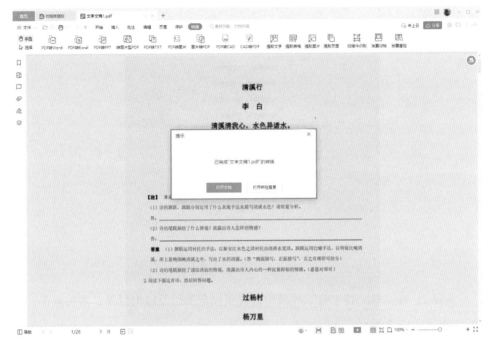

图 10.4.3

10.5 PDF 转换为演示文稿

演示文稿在报告、答辩和展示类的工作中起到了很大的作用，我们可以将接收的 PDF 文件转换为演示文稿，然后再进行幻灯片的制作。

案例：将 PDF 转换为演示文稿

步骤 1：在"功能栏"下选择"转换"命令中的"PDF 转 PPT"命令。如图 10.5.1 所示。

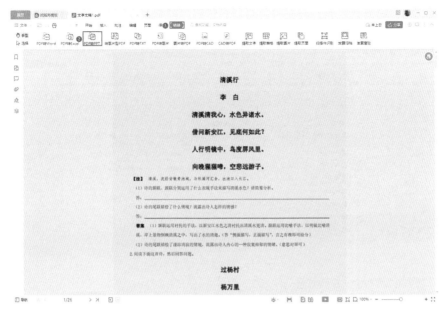

图 10.5.1

步骤 2：在转换界面中选择"转为 PPT"，然后依次对输出范围、转换模式、输出目录进行设置，设置完成后直接点击"开始转换"按钮。如图 10.5.2 所示。

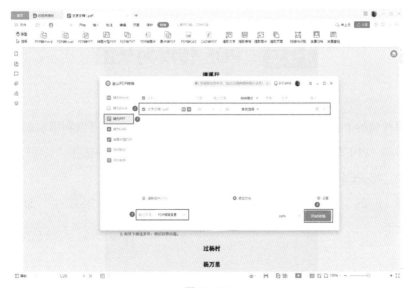

图 10.5.2

步骤 3：转换完成后，会在"状态"下显示"转换成功"。如下图 10.5.3 所示。

图 10.5.3

10.6 PDF 转换为长图

如果传输的 PDF 中有大量的图片需要整合为长图，我们可以利用本章第 10.3 节中讲述的将"PDF 转为图片"的方式进行转换，在输出方式中选择"长图"即可。

案例：将 PDF 转换为长图

步骤 1：在"功能栏"下选择"转换"命令中的"PDF 转图片"命令。如图 10.6.1 所示。

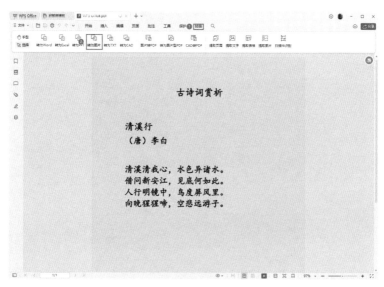

图 10.6.1

步骤 2：在转换界面的输出方式中选择"合成长图"，然后依次对输出的页数、格式、尺寸、颜色和输出目录进行设置，设置完成后直接点击"输出"按钮。如图 10.6.2 所示。

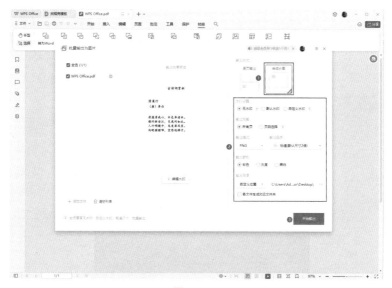

图 10.6.2

第11章
WPS 通用技巧

了解一些 WPS 的通用设置技巧，可以更方便灵活地运用 WPS 的文字处理、表格建立以及演示文稿等功能编辑文件。

11.1　WPS 皮肤的更换

在 WPS 中我们可以根据自己的喜好去更改操作界面的皮肤，使用 WPS 中的稻壳皮肤可以使我们的操作界面更加精美。

步骤 1：选择 WPS 文字，在界面中选择"稻壳皮肤"命令。如图 11.1.1 所示。

图 11.1.1

步骤 2：在"皮肤中心"选项卡中，点击"皮肤"命令就可以选择自己心仪的皮肤。如图 11.1.2 所示。

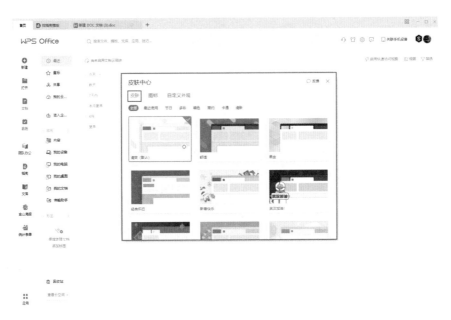

图 11.1.2

步骤 3：点击"图标"命令，就可以更改 WPS 文件的图标样式。如图 11.1.3 所示。

图 11.1.3

步骤 4：如果对稻壳提供的皮肤不是很满意，还可以选择"自定义外观"，进行窗口和界面的自定义设置。如图 11.1.4 所示。

图 11.1.4

11.2　显示与隐藏功能栏

WPS 的功能栏提供了众多实用的功能。如果我们在编辑时不需要使用功能栏，也可以将功能栏隐藏起来，让编辑区变得更加简洁。

步骤 1：进入 WPS 文档中，在功能栏右侧选择"隐藏功能区"角标。如图 11.2.1 所示。

步骤 2：如果我们想将功能栏调出，可以在同样的位置选择"显示功能区"角标。如图 11.2.2 所示。

图 11.2.1

图 11.2.2

11.3　添加常用命令到选项卡中

在编辑 WPS 文档时，经常需要用到一些特定的命令。我们可以将这些特定的命令添加到一个新的选项卡中，这样既降低了使用命令时的操作难度，又提高了编辑效率。

步骤 1：打开"文件"命令中的"选项"命令。如图 113.1 所示。

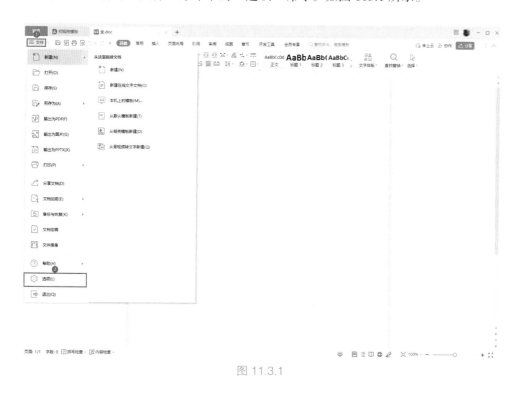

图 11.3.1

步骤 2：在"选项"中选择"自定义功能区"，在右侧点击"新建选项卡"按纽。如图 11.3.2 所示。

图 11.3.2

步骤 3：将"新建选项卡（自定义）"栏更名为"常用"。如图 11.3.3 所示。

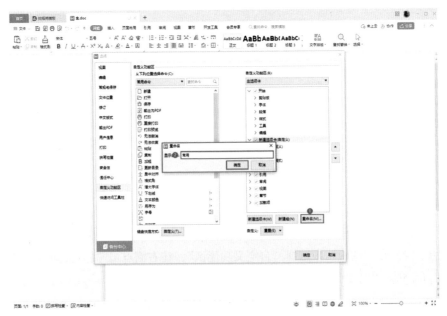

图 11.3.3

步骤 4：将"新建组（自定义）"栏更名为"文字处理功能"。如图 11.3.4 所示。

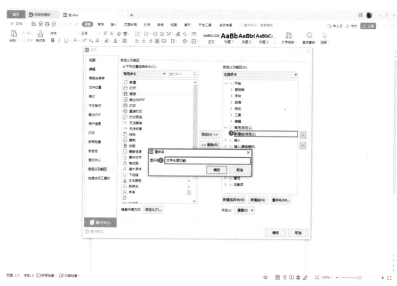

图 11.3.4

步骤 5：选中左侧"常用命令"栏中需要的命令，然后点击"添加"命令，将命令添加到"文字处理功能"栏中。如图 11.3.5 所示。

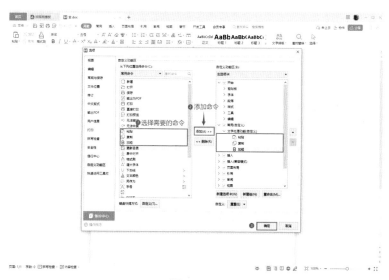

图 11.3.5

11.4 清理使用记录

由于 WPS 拥有自动存储功能，因此在使用 WPS 时会有很多操作的痕迹，我们可以使用删除记录功能将一些不需要的存储文档删除。

步骤 1：打开 WPS 文档，进入"WPS 文字"选项卡中的"最近"列表。如图 11.4.1 所示。

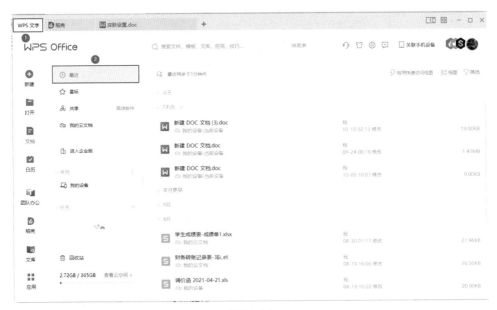

图 11.4.1

步骤 2：进入列表后可以看到近期编辑过的文档列表，在目标文档上点击鼠标右键选择"删除记录"命令。如图 11.4.2 所示。

图 11.4.2

步骤 3：进入"删除记录"选项卡中，可以选择只删除记录或者同时删除文件。如图 11.4.3 所示。

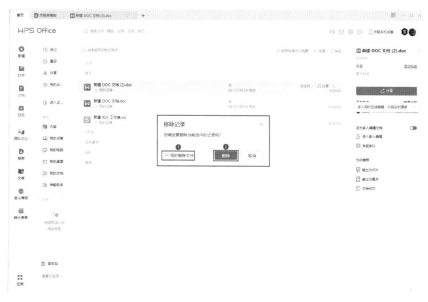

图 11.4.3

11.5　将文档保存到云文档

WPS 在保存文件时，可以将文档保存到云文档中，这样我们便可以通过电脑端以及手机端随时查看云文档。

步骤 1：打开 WPS 文档，在文档"标题栏"点击鼠标右键选择"保存到 WPS 云文档"命令，即可将文件保存到云文档中。如图 11.5.1 所示。

图 11.5.1

步骤 2：将鼠标放置到"标题栏"上，可以看到文档在本计算机的储存位置以及云文档的储存位置。如图 11.5.2 所示。

图 11.5.2

11.6 给好友分享文件

WPS 的云功能设置可以将文档以链接的方式快速分享给好友。

步骤 1：选择 WPS 中的"分享"命令。如图 11.6.1 所示。

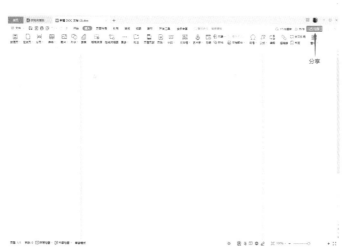

图 11.6.1

步骤 2：进入分享界面后，选择"复制链接"。如图 11.6.2 所示。

图 11.6.2

步骤 3：我们还可以将文档通过多种途径分享给好友。如图 11.6.3 所示。

图 11.6.3

11.7　快速修复文件

在日常编辑过程中，WPS 可能会出现文档尚未保存就被强制关闭的情况，这样会导致文档被损坏。因此，WPS 提供了自动修复功能，可以修复被损坏的文档。

步骤 1：选择"功能栏"下"会员专享"命令中的"便捷工具"命令，然后选择"文档修复"功能。如图 11.7.1 所示。

图 11.7.1

步骤 2：进入"文档修复"选项卡，选择需要修复的文档或拖拽到方框中即可。如图 11.7.2 所示。

图 11.7.2

步骤 3：添加修复文档后，文档会进入修复状态。如图 11.7.3 所示。

图 11.7.3

步骤 4：修复完成后我们可以看到修复的文档内容，如果确认无误可以点击"确认修复"按钮。如图 11.7.4 所示。

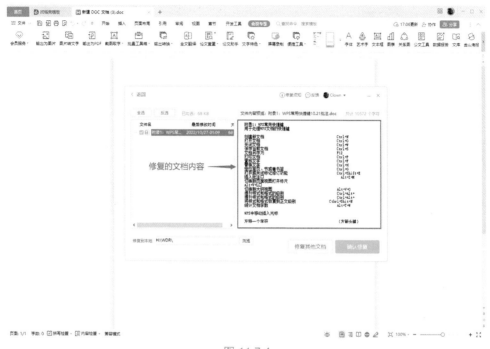

图 11.7.4

11.8　将图片转换为文本

如果文档内容是图片格式，而我们又需要图片内的部分内容，则可以使用 WPS 提供的"图片转文字"功能将图片转换为文本。

步骤 1：选择"功能栏"下"会员专享"命令中的"图片转文字"命令。如图 11.8.1 所示。

图 11.8.1

步骤 2：进入"图片转文字"选项卡，将需要转换的图片添加或拖拽到编辑区，选择"开始转换"。如图 11.8.2 所示。

图 11.8.2

11.9　一次性关闭所有文件

在 WPS 中，如果同时打开较多的文档，逐一关闭可能会比较浪费时间，我们可以一次性关闭所有文件。

步骤：鼠标放置在任何一个文档上，点击右键选择"关闭其他"命令中的"全部"命令。如图 11.9.1 所示。

图 11.9.1

附 录
WPS 常用快捷键

一、WPS 文档快捷键大全

用于处理 WPS 文档的快捷键

名称	快捷键
创建新文档	Ctrl+N
打开文档	Ctrl+O
关闭文档	Ctrl+W
保存当前文档	Ctrl+S
打印文档	Ctrl+P
查找文字	Ctrl+F
替换文字	Ctrl+H
定位至页、节、行或书签等	Ctrl+G
切换到大纲视图	Alt+V+O

WPS 中移动插入光标的快捷键

名称	快捷键
左移一个字符	←（左箭头键）
右移一个字符	→（右箭头键）
左移一个单词	Ctrl+ ←
右移一个单词	Ctrl+ →
移至行首	Home
移至行尾	End
上移一行	↑（上箭头键）
下移一行	↓（下箭头键）
上移一段	Ctrl+ ↑
下移一段	Ctrl+ ↓
上移一屏（滚动）	PageUp
下移一屏（滚动）	PageDown
移至文档开头	Ctrl+Home
移至文档结尾	Ctrl+End

选定文字或图形的快捷键

名称	快捷键
选定整篇文档	Ctrl+A
选定不连续文字	Ctrl+ 鼠标拖动
选定连续文字	Shift+ 单击首尾处
选定到左侧的一个字符	Shift+ ←
选定到右侧的一个字符	Shift+ →
选定到行首	Shift+Home
选定到行尾	Shift+End
选定到段首	Ctrl+Shift+ ↑
选定到段尾	Ctrl+Shift+ ↓

菜单栏、右键菜单、选项卡和对话框的快捷键

名称	快捷键
激活菜单栏	Alt 或者 F10
取消命令并关闭选项卡或者对话框	Esc
执行默认按钮（一般为"确定"）	Enter
切换至下一张选项卡	Ctrl+Tab
切换至上一张选项卡	Ctrl+Shift+Tab
移至下一选项或选项组	Tab
移至上一选项或选项组	Shift+Tab
执行所选按钮的指定操作	Space
选中列表时打开所选列表	Alt+ ↓
选中列表时关闭所选列表	Esc

设置字符格式和段落格式的快捷键

名称	快捷键
改变字符格式	Ctrl+D
应用加粗格式	Ctrl+B
应用下划线格式	Ctrl+U
应用倾斜格式	Ctrl+I

续表

名称	快捷键
增大字号	Ctrl+]
减小字号	Ctrl+[
应用下标格式	Ctrl+=（等号）
居中对齐	Ctrl+E
两端对齐	Ctrl+J
左对齐	Ctrl+L
右对齐	Ctrl+R
分散对齐	Ctrl+Shift+J

排版、编辑的快捷键

名称	快捷键
复制	Ctrl+C
剪切	Ctrl+X
粘贴	Ctrl+V
撤销上一步操作	Ctrl+Z
恢复上一步操作	Ctrl+Y
删除左侧的一个字符	Backspace
删除左侧的一个单词	Ctrl+Backspace
删除右侧的一个字符	Delete
删除右侧的一个单词	Ctrl+Delete
激活插入状态	Insert
插入域	Ctrl+F9
插入换行符	Shift+Enter
插入分页符	Ctrl+Enter
插入超链接	Ctrl+K
插入书签	Ctrl+Shift+F5

WPS 窗口的快捷键

名称	快捷键
最小化 WPS 窗口	Alt+Space+N
最大化 WPS 窗口	Alt+Space+X
还原 WPS 窗口	Alt+Space+R
关闭 WPS 窗口	Alt+F4/Alt+Space+C
切换标签（文档）	Ctrl+Tab
关闭标签（文档）	Ctrl+W/Ctrl+F4
打开任务窗格	Ctrl+F1
打开首页	Alt+V+E
打开帮助	F1

二、WPS 表格快捷键大全

编辑单元格的快捷键

名称	快捷键
将光标移到单元格内容尾部	F2
键入同样的数据到多个单元格中	Ctrl+Enter
在单元格内的换行操作	Alt+Enter
进入编辑单元格内容	Back Space

定位单元格的快捷键

名称	快捷键
移动到当前数据区域的边缘	Ctrl+ 方向键
定位到活动单元格所在窗格的行首	Home
移动到工作表的开头位置	Ctrl+Home

改变选择区域的快捷键

名称	快捷键
将当前选择区域扩展到相邻行列	Shift+ 方向

续表

名称	快捷键
将选定区域扩展到行首	Shift+Home
将选定区域扩展到工作表的开始处	Ctrl+Shift+Home
选定整张工作表	Ctrl+A
在选定区域中从左向右移动。如果选定单列中的单元格，则向下移动	Tab
在选定区域中从右向左移动。如果选定单列中的单元格，则向上移动	Shift+Tab
在选定区域中从上向下移动。如果选定单列中的单元格，则向下移动	Enter
在选定区域中从下向上移动。如果选定单列中的单元格，则向上移动	Shift+Enter
选中活动单元格的上一屏的单元格	PageUp
选中活动单元格的下一屏的单元格	PageDown
选中从活动单元格到上一屏相应单元格的区域	Shift+PageUp
选中从活动单元格到下一屏相应单元格的区域	Shift+PageDown

用于输入、编辑、设置格式和计算数据的快捷键

名称	快捷键
完成单元格输入并选取下一个单元格	Enter
在单元格中换行	Alt+Enter
用当前输入项填充选定的单元格区域	Ctrl+Enter
完成单元格输入并向上选取上一个单元格	Shift+Enter
完成单元格输入并向右选取下一个单元格	Tab
完成单元格输入并向左选取上一个单元格	Shift+Tab
取消单元格输入	Esc
移到行首	Home
重复上一次操作	F4
由行列标志创建名称	Ctrl+Shift+F3
定义名称	Ctrl+F3
插入超链接	Ctrl+K
输入时间	Ctrl+Shift+:
显示清单的当前列中的数值下拉列表	Alt+ 向下键
撤销上一次操作	Ctrl+Z

三、PPT 演示快捷键大全

编辑功能的快捷键

名称	快捷键
删除当前页	Alt + Delete
在当前页插入新页	Alt + Insert
全选	Ctrl + A
设置字体	Ctrl + Alt + F
设置显示比例	Ctrl + Alt + R
文字加粗	Ctrl + B
进入版式对象编辑状态，或插入新页	Ctrl + Enter
查找	Ctrl + F
"关于…"对话框	Ctrl + F1
演示播放（从第一页开始）	Ctrl + F5
替换	Ctrl + H
文字添加或清除斜体	Ctrl + I
新建演示稿	Ctrl + N
打开演示稿	Ctrl + O
文件存盘	Ctrl + S
文字添加或清除着重号	Ctrl + Shift + U
文字添加或清除下划线	Ctrl + U
文件打印	Ctrl + P
跳到最后一页	End
跳到第一页	Home
跳到下一页	Page Down
跳到上一页	Page Up
剪切	Shift + Delete
粘贴	Shift + Insert

PPT 播放时可用的快捷键

名称	快捷键
跳转到第 X 页演示页	<Number>+Enter
黑屏或从黑屏返回演示播放	B
执行上一个动画或返回到上一演示页	Back Space
重新显示隐藏的鼠标指针和将指针改变成箭头	Ctrl +A
立即隐藏鼠标指针	Ctrl +H
显示绘图笔	Ctrl +P
擦除屏幕上的绘画	E
退出演示播放	Esc
执行下一个动画或切换到下一演示页	Page Down/Enter/N/ 空格档 /↓/
执行上一个动画或返回到上一演示页	Page Up/P/ / ↑ /
停止或重新启动自动演示播放	S
显示右键菜单	Shift+F10
白屏或从白屏返回演示播放	W

主界面的快捷键

名称	快捷键
上一级目录	Back Space
拷贝图片内容	Ctrl + C
刷新文件列表框	F5

图片浏览的快捷键

名称	快捷键
缩小	−
放大	+
拷贝图片内容	Ctrl +C
显示	Ctrl +F
下一幅图	Page Down
上一幅图	Page Up